図解即戦力

豊富な図解と丁寧な解説で、
知識0でもわかりやすい！

ISO14001の規格と審査がしっかりわかる教科書

（アイエスオー）

これ1冊で

株式会社テクノソフト コンサルタント
福西義晴
Yoshiharu Fukunishi

技術評論社

はじめに

私たちは、便利で豊かな生活を手にした反面、閉鎖空間である地球の汚染や気象変化にさらされつつあります。これからの開発は、環境、社会、経済のバランスのとれた持続可能なものが望まれています。

ISO 14001は、組織が事業活動を営みながら組織を取り巻く環境を保護するための組織の活動に関する環境マネジメントシステムの国際規格です。

本書はこれからISO 14001の認証を取得される組織やその担当者の方を対象に、ISO認証制度やISO 14001規格の要求事項と、それらの要求に従って環境マネジメントシステムを構築して審査を受けるために必要な知識を、具体的な例を含めながらわかりやすく解説していきます。

本書の構成は、ISO 14001規格の要求事項と対応する形で、
1章は、ISOとは、ISO全般について
2章は、環境マネジメントシステムの構築・運用から認証を受けるまで
3章は、ISO用語について
4〜5章は、環境マネジメントシステムの構築やリーダーシップについて
6章は、環境マネジメントシステムの計画について
7〜8章は、環境マネジメントシステムの実施について
9章は、内部監査やマネジメントレビューを含む評価について
10章は、環境マネジメントシステムの改善について
11章は、環境保護の具体的な取組みについて
それぞれ解説します。

本書がISO 14001の理解と、認証取得・維持のためにお役に立てば幸いです。

2019年10月吉日
株式会社テクノソフト
福西　義晴

目次 Contents

3章 ISO 14001規格の重要用語解説

4章 4 組織の状況

5章
5 リーダーシップ

6章
6 計画

7章
7 支援

8章
8 運用

9章
9 パフォーマンス評価

10章 10 改善

11章 環境保護の具体的な取組み

ご注意：ご購入・ご利用の前に必ずお読みください

■免責

本書に記載された内容は、情報の提供のみを目的としています。したがって、本書を用いた運用は、必ずお客様自身の責任と判断によって行ってください。これらの情報の運用の結果について、技術評論社および著者または監修者は、いかなる責任も負いません。

また、本書に記載された情報は、特に断りのない限り、2019年10月現在での情報を元にしています。情報は予告なく変更される場合があります。

以上の注意事項をご承諾いただいた上で、本書をご利用願います。これらの注意事項をお読み頂かずにお問い合わせ頂いても、技術評論社および著者は対処しかねます。あらかじめご承知おきください。

1章

ISO 14001とは

ISO 14001は、環境マネジメントシステム（EMS：environmental management system）に関する国際規格で、環境保護に関する規格が定められています。まずはじめに、ISO規格の発行の流れや、ISO 14001の認証制度に関する理解を深めておきましょう。

01 ISO規格とは

ISOとは、スイスのジュネーブに本部を置く国際標準化機構（International Organization for Standardization）の略称です。ISOのおもな活動は国際的に通用する規格を制定することであり、ISOが制定した規格をISO規格といいます。

ISOとは

ISO（国際標準化機構）は、国際的な取引をスムーズにするため、製品やサービスに関して「世界中で同じ品質、同じレベルのものを提供できるようにする」という**国際的な基準を発行する機関**として、1947年2月23日に発足しました。

ISOでは、各国1機関のみの参加が認められており、**日本からは日本産業規格（JIS）の調査・審議を行っている日本産業標準調査会（JISC）が加入**しています。

ISO規格の身近な例としては、非常口のマークやカードのサイズ、ネジといった規格が挙げられます。これらは製品そのものを対象とする「モノに対する規格」です。一方、製品そのものではなく、組織を取り巻くさまざまなリスク（品質、環境、情報セキュリティなど）を管理するためのしくみについてもISO規格が制定されています。これらは**「マネジメントシステム規格」**（MSS：management system standards）と呼ばれ、環境マネジメントシステム（ISO 14001）や品質マネジメントシステム（ISO 9001）、情報セキュリティマネジメントシステム（ISO/IEC 27001）などの規格が該当します。

■ ISOの例

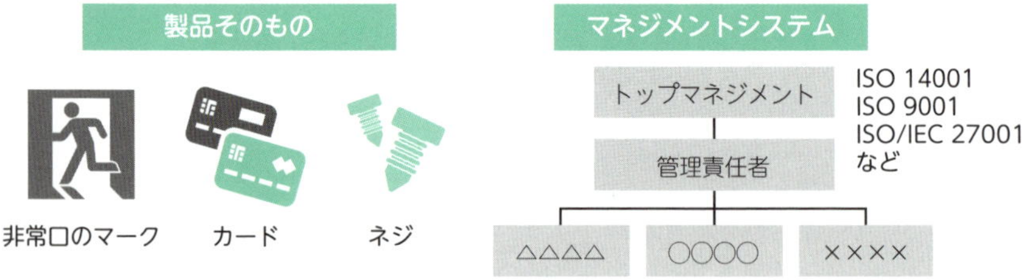

ISO規格の制定や改訂は、ISO技術管理評議会（TMB：technical management board）の各専門委員会（TC：technical committee）で行われます。

各TCではさまざまな業務分野を扱うため、分科委員会（SC：subcommittee）、作業グループ（WG：working group）を設置して、規格の開発活動を行っており、制定や改訂は、日本を含む世界170カ国（2024年3月現在）の参加国の投票によって決定します。

ISOでは、国際規格（IS）以外にも、技術仕様書（TS）、技術報告書（TR）、一般公開仕様書（PAS）なども発行しています。

■ ISOの主要な刊行物

分類	概要
国際規格 （**IS**：International Standard）	ISO参加国の投票に基づいて発行される国際規格
技術仕様書 （**TS**：Technical Specification）	WGで合意が得られたことを示す規範的な文書。TC/SCは、IS作成に向けて技術的に開発途上にあったり、必要な支持が得られなかったりして当面の合意が不可能な場合に、特定業務項目を**ISO/TS**として発行できる
技術報告書 （**TR**：Technical Report）	通常の規範的な文書として発行されるものとは異なる情報を含んだ情報提供型の文書。ISOの委員会が作業のために集めた情報をTRの形で発行することをISO中央事務局に要請して、**ISO/TR**の発行が決定される
一般公開仕様書 （**PAS**：Publicly Available Specification）	ISOの委員会で技術的に合意されたことを示す規範的な文書。TC/SCは、技術開発途上であり当面の合意が得られない場合、また、TSほどの合意が得られない場合に、特定業務項目を**ISO/PAS**として発行できる

COLUMN

ISO規格とJIS規格との関係

JIS規格は、ISO規格の要求事項を変えないでそのまま日本語に翻訳したものです。JIS規格は、ISO規格の要求事項を正しく解釈して用いることができるように、注記の追加や解説の記載をすることができます。ISO 14001は、JIS Q 14001という規格番号で翻訳されており、本書の表現もそれに従っています。

ISO規格発行・改訂の流れ

ISO規格の発行は6つの段階を経て作成され、36カ月以内に最終案がまとめられて、国際規格（IS）が発行・改訂されます。

(1) 提案段階：新作業項目（NP）の提案

各国加盟機関（日本であればJISC）や専門委員会（TC）/分科委員会（SC）などが新たな規格の作成、現行規格の改訂を提案し、各国が提案に賛成か反対かを投票して、作成・改訂するかどうかが決定されます。

(2) 作成段階：作業原案（WD）の作成

提案承認後、TC/SCの作業グループ（WG）とTC/SCのPメンバー（Participating member：積極的参加メンバー）などが協議して作業原案（WD）作成について専門家を任命し、WGでWDが検討・作成され、TC/SCにWDが提出されます。また、WDは一般公開仕様書（PAS）として発行される場合があります。

(3) 委員会段階：委員会原案（CD）の作成

作業原案（WD）は委員会原案（CD）として登録され、TC/SCのPメンバーに回付して意見を募集し、投票で3分の2以上の賛成が得られればCDが成立し、国際規格原案（DIS）として登録されます。

また、この段階で技術的な問題が解決できない場合、CDを技術仕様書（TS）として発行する場合があります。

(4) 照会段階：国際規格原案（DIS）の照会及び策定

DISはすべてのメンバー国に回付（投票前の翻訳期間は2カ月、投票期間は3カ月）し、投票したTC/SCのPメンバーの3分の2以上が賛成、かつ反対が投票総数の4分の1以下である場合に、最終国際規格案（FDIS）として登録されます。

(5) 承認段階：最終国際規格案（FDIS）の策定

FDISはすべてのメンバー国に回付（投票期間は2カ月）し、投票したTC/SC

のPメンバーの3分の2以上が賛成、かつ反対が投票総数の4分の1以下である場合に、国際規格（IS）として成立します。

(6) 発行段階：国際規格（IS）の発行

FDISの承認後、正式に国際規格として発行されます（発行期限はNP提案承認から36カ月以内）。その後は、新規に発行された規格は3年以内、既存の規格は5年ごとに見直され、改訂されていきます。

■ ISO規格の発行・改訂の流れ

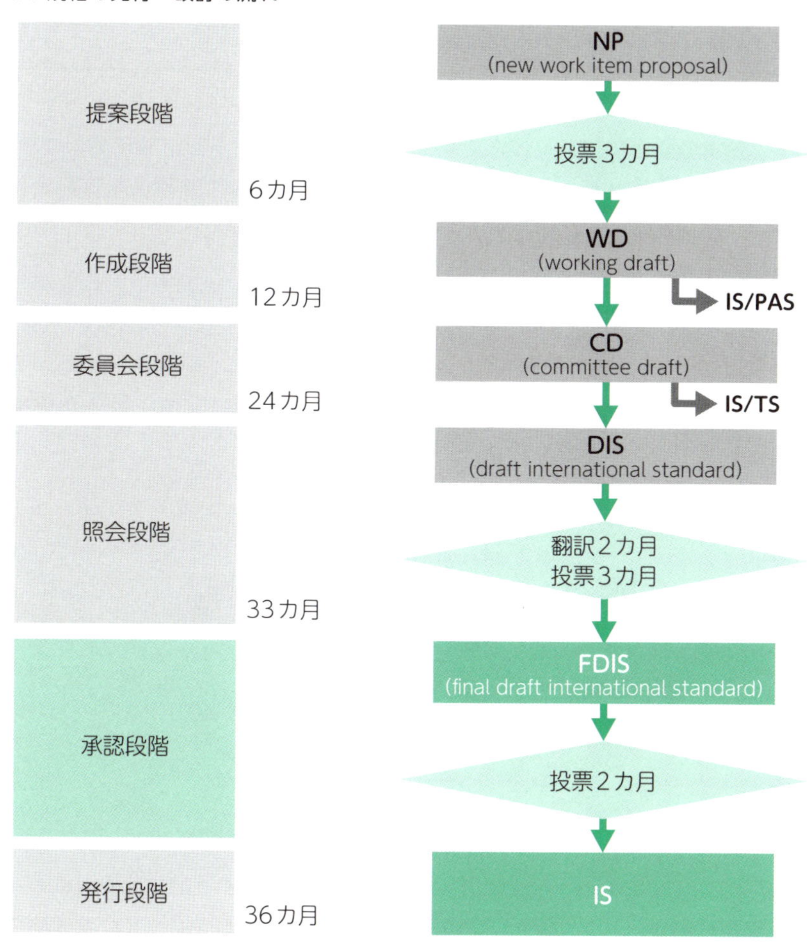

※5年で承認段階に達しない場合は提案前の予備段階に差し戻し

02 ISOマネジメントシステム規格

2012年にマネジメントシステム規格(MSS)の共通基本構造が開発されて、環境、品質、情報セキュリティなどの各マネジメントシステム規格が、MSS共通の要求事項をベースに各規格固有の要求事項を加える形で整えられました。

ISOマネジメントシステム規格の特徴

ISOマネジメントシステム規格(ISO MSS)は、ビジネス環境や利害関係者からの要求の変化に応じて規格が発行されており、ISO 14001もその1つです。**組織を取り巻くリスクごとに規格が開発**されており、ISO MSSの全体の大きな目的は、**組織の永続や適正な利益を守ること**ともいえます。

現状ではさまざまなISO MSSがありますが、それぞれに共通する活動としては、トップマネジメントが方針や目標を明確にし、それを実現するために「やり方を決める(Plan)」、「決めたとおり実行する(Do)」、「結果をチェックする(Check)」、「見直し改善する(Act)」といったPDCAサイクルのしくみの構築と継続的な運用・改善が求められます。

■ ISOマネジメントシステムのPDCAサイクル

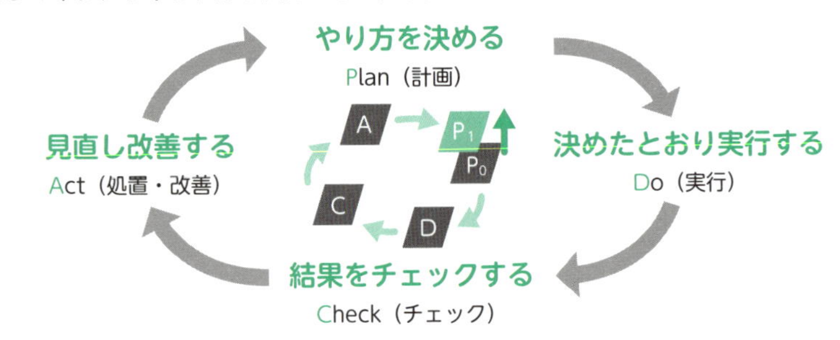

近年、さまざまなISO MSSが発行されたため、ISOで整合性を確保するために議論が行われました。そして、2012年5月に発行されたISO/IEC専門業務用指針で、**「MSS共通テキスト」**と呼ばれる上位の共通基本構造(章立てや統一

された文章表現）を原則として採用し、規格を作成・改訂することが決定されました。これにより、ISO 14001などのISO MSSが「MSS共通テキスト」を採用して改訂されました。

ISO 14001:2015は、環境マネジメントシステムの規格として、とくに他のマネジメントシステムの要求事項に統合するためのアプローチ・リスクに基づく考え方についての要求が強化されています（ISO 14001の序文0.5参照）。

■MSS 共通テキストの共通基本構造（上位構造：High Level Structure [HLS]）

項番	タイトル	項番	タイトル
1 適用範囲		7 支援	
2 引用規格		7.1	資源
3 用語及び定義		7.2	力量
4 組織の状況		7.3	認識
4.1	組織及びその状況の理解	7.4	コミュニケーション
4.2	利害関係者のニーズ及び期待の理解	7.5	文書化した情報
4.3	XXXマネジメントシステムの適用範囲の決定	8 運用	
4.4	XXXマネジメントシステム	8.1	運用の計画及び管理
5 リーダーシップ		9 パフォーマンス評価	
5.1	リーダーシップ及びコミットメント	9.1	監視、測定、分析及び評価
5.2	方針	9.2	内部監査
5.3	組織の役割、責任及び権限	9.3	マネジメントレビュー
6 計画		10 改善	
6.1	リスク及び機会への取り組み	10.1	不適合及び是正処置
6.2	XXX目的及びそれを達成するための計画策定	10.2	継続的改善

■共通基本構造の概要図

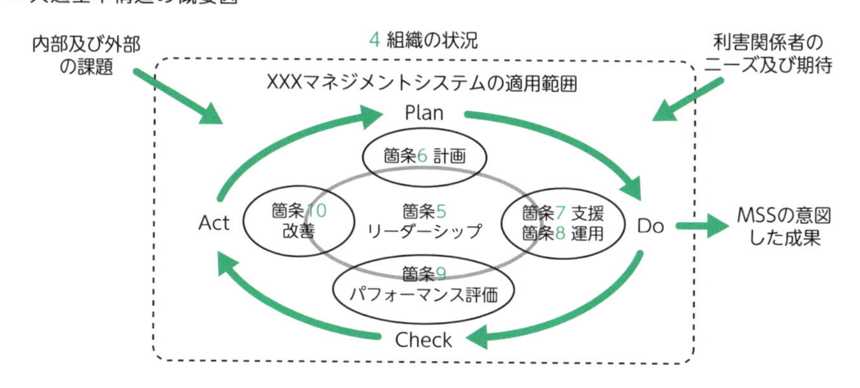

03 ISO 14001環境マネジメントシステムの要求事項

MSS共通テキストに環境マネジメントに固有の要求事項を追加したのがISO 14001「環境マネジメントシステムー要求事項及び利用の手引」です。ISO 14001の要求事項の特徴について概要を解説します。

MSS共通テキストに対応したISO 14001:2015

ISO 14001要求事項には、MSS共通事項と下図に吹き出しで示したISO 14001の固有事項があります。ISO 14001の固有事項としては、環境側面と計画全般に関する事項、順守義務と順守評価に関する事項、コミュニケーションに関する詳細事項、緊急事態への準備及び対応に関する詳細事項があります。これらの固有事項は、「環境パフォーマンスの向上」「順守義務を満たすこと」「環境目標の達成」といった意図した成果を達成するために設けられています。

■MSSに追加されたISO 14001の固有要求箇条

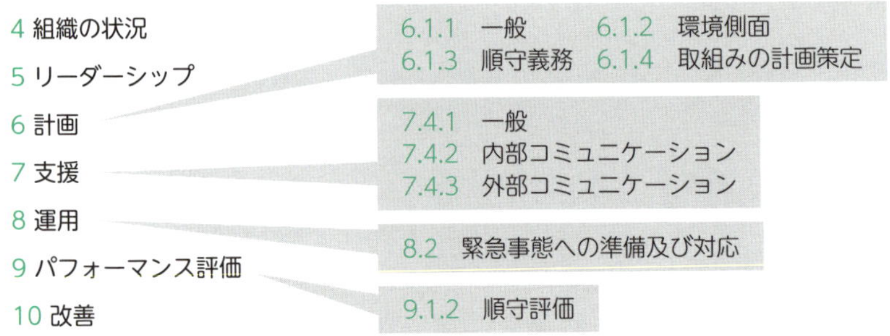

4 組織の状況
5 リーダーシップ
6 計画
- 6.1.1 一般
- 6.1.2 環境側面
- 6.1.3 順守義務
- 6.1.4 取組みの計画策定

7 支援
- 7.4.1 一般
- 7.4.2 内部コミュニケーション
- 7.4.3 外部コミュニケーション

8 運用
- 8.2 緊急事態への準備及び対応

9 パフォーマンス評価
- 9.1.2 順守評価

10 改善

ISO 14001固有事項

これらのISO 14001の固有事項で際立つのは、PDCAサイクルにおいて「Plan(計画)」にあたる「6 計画」の中の「6.1.2 環境側面」「6.1.3 順守義務」及び「7.4 コミュニケーション」「8.2 緊急事態への準備及び対応」に関する詳細事項です。

また、品質マネジメントシステムのように強くプロセスアプローチを要求していませんが、いくつかの箇条で**プロセスの確立、実施、維持（及び改善）**を要求しています。単に手順を作成して実施するだけではなく、インプットとアウトプットを明確にし、プロセスの基準を設けてPDCAを回すことにより、計画どおりの結果を達成し、環境マネジメントシステムの有効性を向上することを期待しています【関連4.4】。

■ 業務プロセスとISO 14001箇条

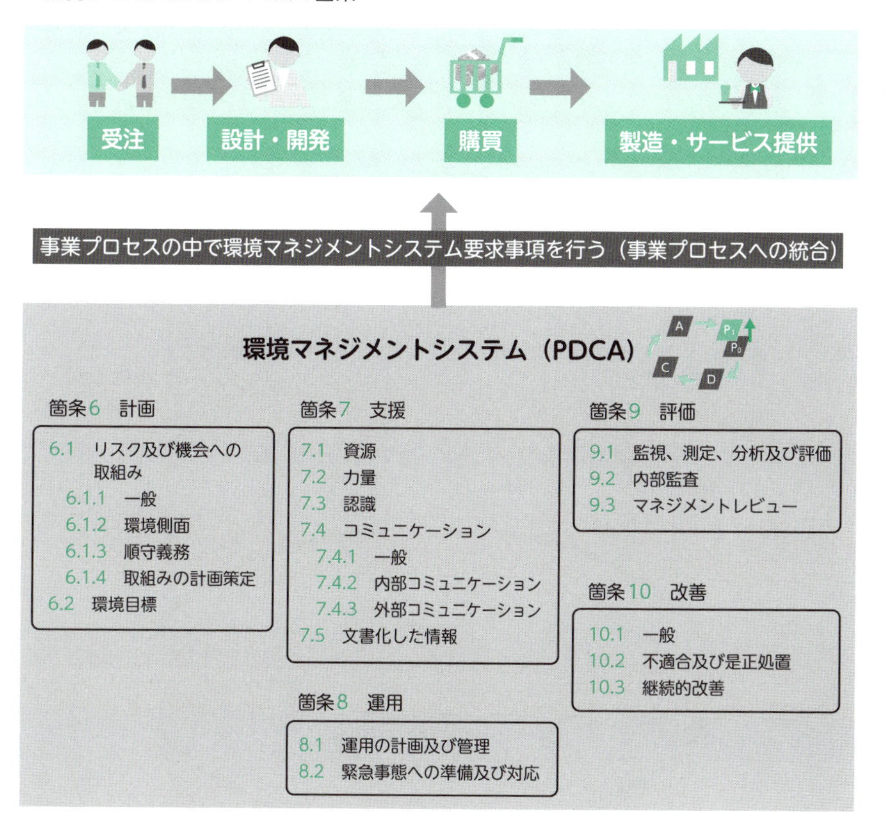

ISO 14001:2015改訂のポイント

用語をはじめ、ISO 14001環境マネジメントシステムを有効にするための工夫を盛り込んで改訂されています。

用語の変更

ISO 14001:2015は、他のマネジメントシステム規格との一致性を高めるためMSS共通テキストを用いて一部の用語が変更されていますが、組織で用いる用語をこの規格で用いる用語に置き換えることは要求していません。詳しくは3章で解説します。

MMS共通テキストの採用

大きな改訂点は、「MSS共通テキストへの準拠」であり、マネジメントシステムの基本構造が整備され、同時にISO 9001（品質）やISO 27001（情報セキュリティ）などの、他のマネジメントシステム規格との統合もやりやすくなりました。

PDCAサイクル

■ ISO 14001におけるPDCAサイクル

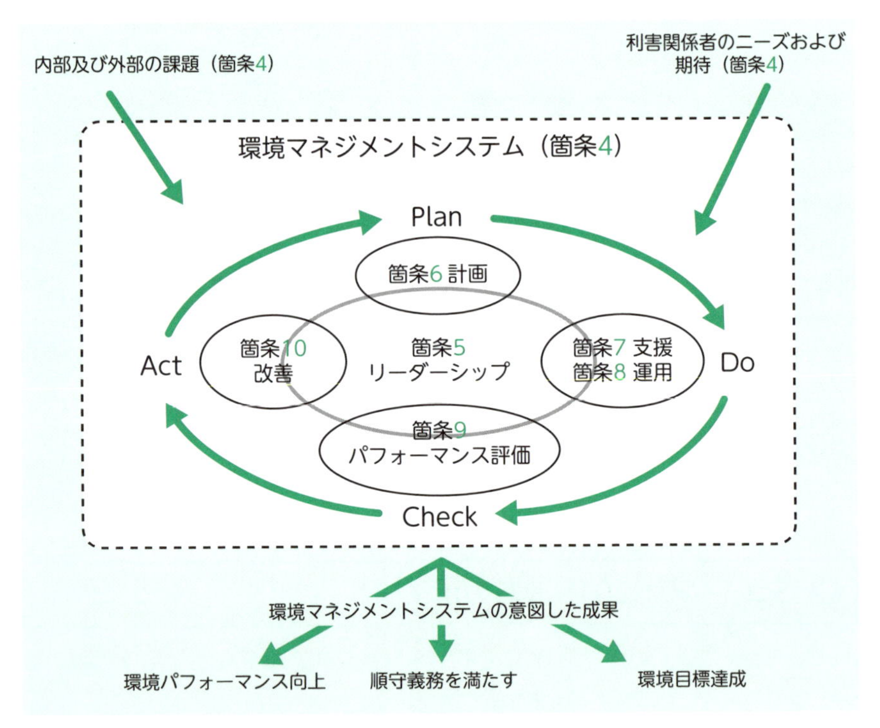

ISO 14001による環境マネジメントシステムでは、Plan →Do→Check→Actの一連の活動（PDCAサイクル）を繰り返すことにより、次のPlanが前回のPlanよりレベルアップしていくこと、すなわち継続的に改善すること、を目指します。

Plan（計画）では、目標を設定し必要な資源を用意して、リスク及び機会を特定し、かつ、それらに取組みます。**Do（実行）**では、計画されたことを実行します。**Check（チェック）**では、方針、目標、要求事項及び計画した活動に対して、実行した結果を監視・測定し、その結果を報告します。そして**Act（処置・改善）**では必要に応じて、改善するための処置を行います。

PDCAサイクルは単一のプロセス（たとえば排水管理プロセス）にも環境マネジメントシステム全体（たとえば全社活動）にも適用できます。

リスクに基づく考え方

MSSでは、従来から採用されていた「PDCAサイクル」に、新たに「リスクに基づく考え方」が加えられました。不適合が起こってから是正処置をとるような事後的な活動だけでなく、組織の課題や要求事項といった組織の状況を明らかにし、環境マネジメントシステムの**意図した成果を達成するためのリスクを想定し、そのリスクへの対応策を計画して活動する**という予防的な活動を環境マネジメントシステムに求めています。これによって、旧版にあった予防処置に関する個別箇条の代わりに、環境マネジメントシステム全体がその目的の1つである予防ツールとしての役割を果たすように意図しています。

事業プロセスへの統合

トップマネジメントへの要求などに明記され、環境マネジメントシステムが形骸化しないように工夫されています【関連5.1、6.1.4、6.2.2、9.3】。

バリューチェーン及びライフサイクルの視点の導入

計画段階における環境側面及び環境影響の決定、及び運用段階における活動において、組織だけが環境影響を縮小するのではなく、製品（またはサービス）のライフサイクル全体について環境影響を縮小するという考え方が求められています【関連3.3.3、6.1.2、8.1】。

04 環境マネジメントシステムとは

地球という閉鎖的な空間において、地球温暖化や海洋汚染などの環境問題が深刻になりつつあります。組織が事業活動によって製品やサービスを提供する上で環境マネジメントがなぜ重要であるのかをわかりやすく解説します。

環境とは、マネジメントとは？

地球温暖化や海洋汚染などの環境問題については、さまざまな原因が挙げられていますが、人類が享受してきた豊かな生活がこれらの問題の要因となっていることが数多くあります。たとえば化石燃料の無制限な使用もその1つと考えられており、発電方法の改善やプラスチック代替素材への変換などが進められています。

ISO 14001規格による環境マネジメントシステムは、「0.1 背景」にうたわれている「将来の世代の人々が自らのニーズを満たす能力を損なうことなく、現在の世代のニーズを満たすために、**環境、社会及び経済のバランスを実現する**ことが不可欠」という考えに立ちます。この3本柱（環境、社会、経済）のバランスをとることによって**持続可能な開発を達成すること**を目指します。

■ 環境マネジメントとは

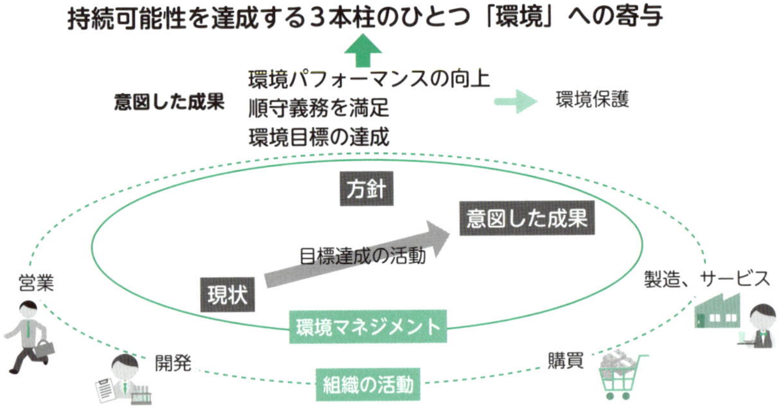

持続可能性を達成する3本柱のひとつ「環境」への寄与

意図した成果
環境パフォーマンスの向上
順守義務を満足
環境目標の達成
環境保護

方針
意図した成果
目標達成の活動
現状
環境マネジメント
営業
製造、サービス
開発
購買
組織の活動

ISO 14001は、3.2.1で環境という用語を「大気、水、土地、天然資源、植物、動物、人及びそれらの相互関係を含む、組織（3.1.4）の活動をとりまくもの」と定義しています。

「マネジメント」は日本語で「管理」や「運営管理」と訳されます。基本構造を共通するISO 9000において「マネジメント」は、「組織を指揮し、管理するための調整された活動」と定義されており、「方針や目標を立てて、目標を達成するために活動すること」と説明されています（JIS Q 9000:2015の3.3.3）。

すなわち、環境マネジメントとは、**組織の活動をとりまく大気、水などを改善するために、方針や目標を設定し、その目標を達成するために活動すること**をいいます。

環境マネジメントシステムの定義と目的

マネジメントシステムとは、3.1.1において「方針、目的（3.2.5）及びその目的を達成するためのプロセス（3.3.5）を確立するための、相互に関連する又は相互に作用する、組織（3.1.4）の一連の要素」と定義されています。また、**環境マネジメントシステム**とは、3.1.2において「マネジメントシステム（3.1.1）の一部で、環境側面（3.2.2）をマネジメントし、順守義務（3.2.9）を満たし、リスク及び機会（3.2.11）に取り組むために用いられるもの」と定義されています。

ISO 14001 では箇条1で環境マネジメントシステムの達成すべき「意図した成果」を定めています。規格の定める**意図した成果**は、環境側面を管理（環境パフォーマンスを向上）すること、順守義務を満たすこと、リスク及び機会へ取り組む（環境目標を達成する）ことです。

■ 環境マネジメントシステムの意図した成果

05 ISO 14001ファミリー規格

ISO 14001と関係する規格、及びISO 14001要求事項を超えて進んでいく組織のための支援情報を提供します。

他のマネジメントシステム規格との関係

ISO 14001による環境マネジメントシステムをより有効に運用する組織に対するための支援情報（環境ラベル、環境パフォーマンス、ライフサイクルアセスメント、温室効果ガス）や、ISO 14001の要求事項を超えて進んでいくための手引を提供するものとして、ISO 14001ファミリー規格が開発されています。

おもなISO 14001ファミリー規格は次のようなものがあります。

ISO 14001「環境マネジメントシステム―要求事項及び利用の手引」

環境マネジメントシステムを構築し、運用し、維持し、改善するための要求事項を定めています。用語の定義が記載されており、利用の手引として附属書Aが定められています。

ISO 14004「環境マネジメントシステム―実施の一般指針」

組織の全般的なパフォーマンスの改善について取り組むための手引です。

ISO 19011「マネジメントシステム監査のための指針」

監査プログラムをはじめとするマネジメントシステム監査の計画、実施、監査員の力量及び評価についての手引です。

■ISO 14001ファミリー規格　2024年3月現在

担当TC/SC	規格番号	JIS規格名称／ISO規格名称	JIS化
TC 207/SC1	ISO 14001:2015	環境マネジメントシステムー要求事項及び利用の手引	JIS Q 14001:2015
	ISO 14004:2016	環境マネジメントシステムー実施の一般指針	JIS Q 14004:2016

TC 207/SC1	ISO 14005:2019	環境マネジメントシステムー環境パフォーマンス評価の利用を含む環境マネジメントシステムの段階的実施の指針	JIS Q 14005:2012
	ISO 14006:2020	環境マネジメントシステムーエコデザインの導入のための指針	JIS Q 14006:2012
TC 207/SC2	ISO 14015:2001	環境マネジメントー用地及び組織の環境アセスメント（EASO）	JIS Q 14015:2002
TC 207/SC3	ISO 14020:2000	環境ラベル及び宣言ー一般原則	JIS Q 14020:1999
	ISO 14021:2016	環境ラベル及び宣言ー自己宣言による環境主張（タイプⅠⅠ環境ラベル表示）	JIS Q 14021:2000
	ISO 14024:2018	環境ラベル及び宣言ータイプⅠ環境ラベル表示ー原則及び手続	JIS Q 14024:2000
	ISO 14025:2006	環境ラベル及び宣言ータイプⅢ環境宣言ー原則及び手順	JIS Q 14025:2008
	ISO 14026:2017	環境ラベル及び宣言ーフットプリント情報のコミュニケーションの原則、要求事項及び指針	ー
	ISO 14027:2017	環境ラベル及び宣言ー製品カテゴリ規則の開発	ー
TC 207/SC4	ISO 14031:2013	環境マネジメントー環境パフォーマンス評価ー指針	JIS Q 14031:2000
	ISO 14033:2019	環境マネジメントー定量的環境情報ー指針及び事例	ー
	ISO 14034:2016	環境マネジメントー環境技術検証（ETV）	ー
TC 207/SC5	ISO 14063:2006	環境マネジメントー環境コミュニケーションー指針及びその事例	JIS Q 14063:2007
	ISO 14040:2006	環境マネジメントーライフサイクルアセスメントー原則及び枠組み	JIS Q 14040:2010
	ISO 14044:2006	環境マネジメントーライフサイクルアセスメントー要求事項及び指針	JIS Q 14044:2010
	ISO 14045:2012	環境マネジメントー製品システムのエコ効率評価ー原則、要求事項及び指針	ー
	ISO 14046:2014	環境マネジメントーウォーターフットプリントー原理、要求事項及び指針	ー
	ISO/TR14047:2012	環境マネジメントーライフサイクルアセスメントーインパクトアセスメントへのISO 14044の適用方法の具体例	ー
	ISO/TS14048:2002	環境マネジメントーライフサイクルアセスメントーデータドキュメンテーションフォーマット	(TS Q 0009:2004)
	ISO/TR14049:2012	環境マネジメントーライフサイクルアセスメントー目的及び調査範囲の設定並びにインベントリ分析へのISO 14044の適用方法の具体例	(TR Q 0004:2000)
	ISO/TS14071:2014	環境マネジメントーライフサイクルアセスメントー批判的レビュー及びレビュー者の力量：補足的要求事項及びISO 14044:2006の指針	ー
	ISO/TS14072:2014	環境マネジメントーライフサイクルアセスメントー組織のライフサイクルアセスメントの要求事項及び指針	ー
	ISO/TR14073:2017	環境マネジメントーウォーターフットプリントーISO 14046の適用方法に関する説明的実例	ー
TS 207/SC7	ISO 14064-1:2018	温室効果ガスー第１部：組織における温室効果ガスの排出量及び吸収量の定量化及び報告のための仕様並びに手引	JIS Q 14064-1:2010
	ISO 14064-2:2019	温室効果ガスー第２部：プロジェクトにおける温室効果ガスの排出量の削減又は吸収量の増加の定量化、モニタリング及び報告のための仕様並びに手引	JIS Q 14064-2:2011
	ISO 14064-3:2019	温室効果ガスー第３部：温室効果ガスに関する主張の妥当性確認及び検証のための仕様並びに手引	JIS Q 14064-3:2011
	ISO 14065:2013	温室効果ガスー認定又は他の承認形式で使用するための温室効果ガスに関する妥当性確認及び検証を行う機関に対する要求事項	JIS Q 14065:2011
	ISO 14066:2011	温室効果ガス　ー　温室効果ガスの妥当性確認チーム及び検証チームの力量に対する要求事項	JIS Q 14066:2012
	ISO 14067:2018	温室効果ガスー製品のカーボンフットプリントー定量化の要求事項及び指針	ー
	ISO/TR14069:2013	温室効果ガスー組織に対する温室効果ガス排出の定量化及び報告ーISO14064-1の適用の手引	ー
	ISO 14080:2018	温室効果ガス管理及び関連活動ー気候変動対策に関する方法論の枠組み及び原理	ー
TC 207/WG8	ISO 14051:2011	環境マネジメントーマテリアルフローコスト会計ー一般的枠組み	JIS Q 14051:2012
	ISO 14052:2017	環境マネジメントーマテリアルフローコスト会計ーサプライチェーン内での実務実施の手引	ー
TC 207/WG9	ISO 14055-1:2017	環境マネジメントー土地の劣化及び砂漠化を食い止めるための優良実践基準の確立の指針ー第１部：優良実践基準の枠組み	
TC 207/TCG	ISO 14050:2009	環境マネジメントー用語	JIS Q 14050:2012
TC 207	ISO/TR14062:2002	環境マネジメントー環境適合設計	TR Q 0007:2008
	ISO Guide64:2008	製品規格に環境側面を導入するための指針	JIS Q 0064:2014

※発行済みと改訂中のもののみ（新規作成中を除く）

ISO 14001 認証取得状況

ISO（国際標準化機構）が2024年1月に公表した「ISOサーベイ2022」（https://www.iso.org/the-iso-survey.html）によると、2022年の全世界でのISO 14001の認証取得件数は529,853件です（前年比7%増）。
国別では、中国が295,501件と1位で全体の56%を占めており、次いで日本（20,892件）、イタリア（20,294件）、イギリス（18,717件）、スペイン（14,778件）となっています。日本は1990年代から急増して2009年に最多の39,556件となり、それから徐々に減少しています。一方、中国は直近10年で4倍に増えています。10年前の2012年には、中国67,874件、日本27,774件、イタリア19,512件、スペイン19,470件、イギリス15,883件でした。

■ ISO 14001 認証取得組織数の国別状況（2022年）

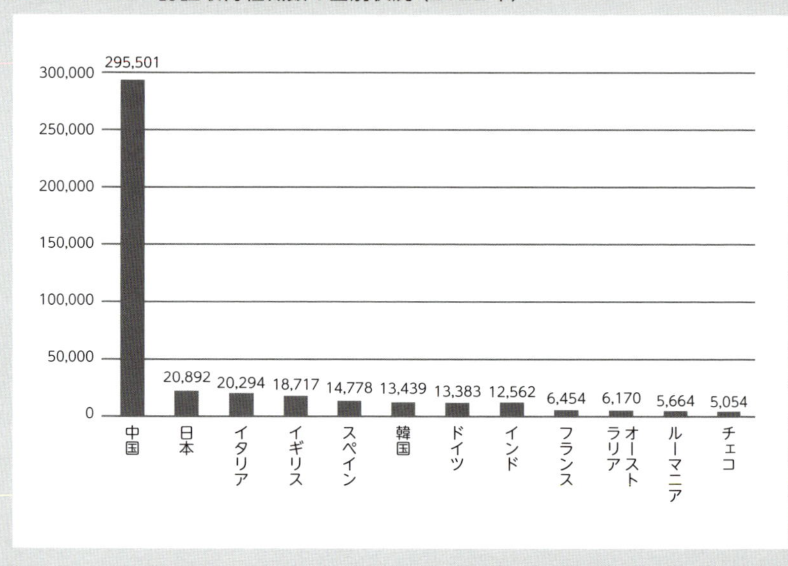

なお、JAB（公益財団法人日本適合性認定協会）のWebサイト（https://www.jab.or.jp/system/iso/statistic/iso_14001.html）では、日本のISO 14001認証取得件数や都道府県別、産業分野別などのデータを公開しています。JABによると、国内でもっともISO 14001を取得している産業は「建設」の16%、次いで2位が「基礎金属、加工金属製品」の14%、3位が「卸売業、小売業、並びに自動車、オートバイ、個人所持品及び家財道具の修理業」「電気的及び光学的装置」の9%となっています。

ISO認証制度と認証の受け方

環境マネジメントシステム構築のステップは、ISO規格の要求事項に従って行います。ここではISO認証を受けるまでの流れと、組織が行うべきことを説明します。ISO認証は、認証機関への申請手続きを行い、審査を通過することで認証登録することができます。

06 環境マネジメントシステムのロードマップ

組織がISO 14001の認証を登録すれば、顧客や取引先に対して優れた環境マネジメントを行っていることを証明することができます。受審のために、組織はどういう手順で進めていけばよいのでしょうか。

環境マネジメントシステムの整備

環境マネジメントシステムは、ISO 14001規格の要求事項に従って次のようなステップで構築します。

(1) 状況の把握

限られたマンパワーや時間の中で環境マネジメント活動を有効なものとするためには、組織の置かれた状況に対して適切な活動を行いたいものです。そこでISO 14001規格の4.1、4.2に要求されているように、まず**組織の状況**として、下記について明確にします。

①組織外部及び組織内部の課題（Sec.18参照）
②顧客や規制当局などの利害関係者からの要求事項と順守義務（Sec.19参照）

(2) 適用範囲の決定（Sec.20参照）

次に組織は、明確になった組織の状況を考慮して、どの物理的及び組織上の境界（すなわち活動場所）について、ISO 14001要求事項を適用する環境マネジメントシステムを構築するのか、すなわち適用範囲を決定します【関連4.3】。

(3) 責任体制の決定（Sec.21参照）

適用範囲を決めたら、その範囲内で環境パフォーマンスに影響を与える業務、及び順守義務を満たす組織の能力に影響を与える業務を推進する責任者、環境マネジメントシステムを構築するための責任者、必要に応じて事務局担当者などを決めます【関連4.4】。

(4) プロセスの整備 (Sec.21参照)

それぞれの責任者の下で、組織の環境パフォーマンスを向上し、順守義務を満たす業務（プロセス）について、インプット・アウトプット、プロセス間のつながり、プロセスの管理基準などを決めていきます【関連4.4、6.1、8.1】。

(5) 文書類・記録類の整備 (Sec.21参照)

整備されたプロセスを確実に実施し、実施したことを証明するためには、必要なことを“文書化”して見えるようにしなければなりません。ISO 14001規格では、これらの文書類・記録類を総称して「文書化した情報」と呼んで、必ず作成が求められる場合は個別の要求事項に記載してあります。

整備された環境マネジメントシステムについて第三者認証機関によるISO 14001認証審査を受けるためには、整備構築した環境マネジメントシステムの中で**取組む活動を計画し、計画した活動を実施（運用）し、運用実績を評価して改善した**という証明となる文書を整備し、環境マネジメントシステムのPDCA活動の実績を示せるように準備しておく必要があります。

■ 環境マネジメントシステムのISO認証審査までのフロー

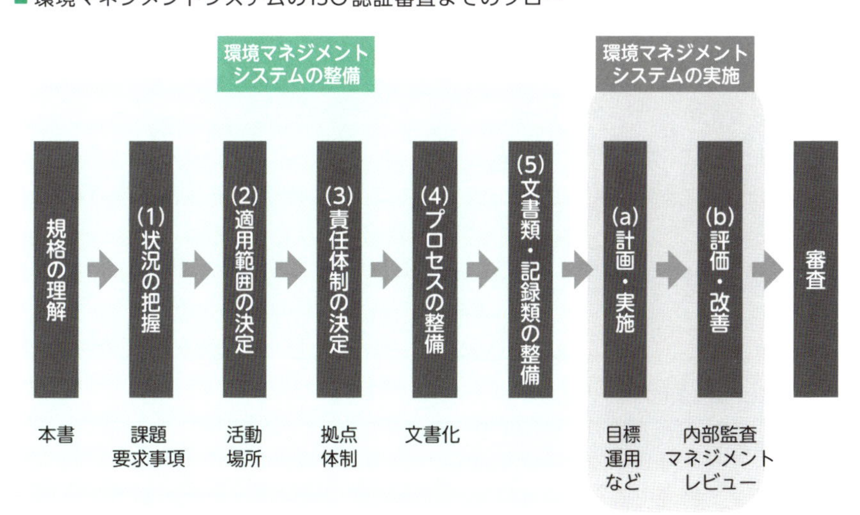

環境マネジメントシステムの実施

環境マネジメントシステムを整備できたら、PDCAを実施しながら環境マネジメントシステムを改善していきます。ISOの登録審査を受けるには**少なくとも1回のPDCAを実施しておくことが必須条件**です。

(a) 計画・実施（Sec.08、09参照）

整備した環境マネジメントシステムの中で、環境パフォーマンスを向上する活動及び順守義務を満たすための活動を行います【関連箇条7、8】。そのために、著しい環境側面を決定し、順守義務を決定し、4.1及び4.2で明確になった組織の状況を考慮して取り組む必要のあるその他のリスク及び機会を決定し、それらに取組む活動（環境目標など）を計画し【関連箇条6】、組織が製品及びサービスを提供する活動の中で実施（運用）します【関連箇条7、8】。

活動計画においては環境目標をはじめとする各種の計画文書を作成し、実施（運用）する際にも、各種の運用のための文書を作成して活動し、活動した証拠として各種の記録を残します。

(b) 評価・改善（Sec.10参照）

環境マネジメントシステムの各種活動の実施結果を計画と比較して評価し【関連箇条9】、環境マネジメントシステムを継続的に改善していきます【関連箇条10】。環境マネジメントシステムの評価の方法には、対象を決めて監視・測定した結果を分析して評価する方法、内部監査による評価方法、マネジメントレビューによる総合的な評価方法があります。評価によって、さまざまな改善の機会に取り組み、不適合を是正し、環境マネジメントシステムの継続的改善を目指します。

認証登録審査の受審

環境マネジメントシステムを整備し、PDCA活動の実績を準備（それを証明する必要な文書の整備）ができれば、次のステップは、第三者である認証機関による審査を受けることによって、その環境マネジメントシステムがISO

14001規格の要求事項に適合していることを証明してもらいます。このような第三者機関によるISO 14001規格要求事項への適合の証明を"認証"といいます。認証を受けることで、はじめて組織はISO規格への適合を公式に宣言できることになります。ISO認証制度については、Sec.11で説明します。ISO 14001の日本の認証機関はP.49を参照してください。

認証登録審査を受けるための手続きについては、Sec.12で説明します。審査を受けるためには、ISO 14001規格の要求事項に沿ったPDCAの1回分、すなわち、**計画から運用、内部監査とマネジメントレビューまでの実績を示せるように証拠（必要な文書、現場の人々の実践行動）を揃えておく**必要があります。

認証登録後の維持

認証登録審査に合格するとISO 14001適合組織として認証登録されます。日本適合性認定協会（JAB）の認定を受けた認証機関で認証登録されると、JABのホームページの「適合組織検索」で組織名や適用範囲などの登録情報を検索することができます。その結果、ISO 14001に適合した環境マネジメントシステムを持つ組織であることを公表できます。また、認証ロゴマークを使用することができ（P.46参照）、CSR活動などでそれを外部にアピールできるようになります。しかし、組織の環境マネジメント活動がそこで終わるわけではありません。ISO 14001の要求に従って、組織の環境マネジメントシステムでPDCAを実践し、**環境マネジメントシステムを継続的に改善する**ことによって、ISO 14001の意図した結果である「環境パフォーマンス向上」「順守義務を満たす」「環境目標の達成」を追い求めていくことが求められます。

ISO 14001認証登録の有効期間は3年間です。毎年サーベイランス審査（維持審査）があり、3年ごとに再認証審査（更新審査）を受けて、**再認証を繰り返しながら認証登録を維持**していかなければなりません。その間、システムの継続的な改善と同時に、登録の維持・更新に向けて準備を進めます。これらの定期審査とは別に、利害関係者のフィードバックなどの機会に応じ臨時審査を受けることもできます。また、組織の拡大や事業内容の変化に応じて、ISO 14001の**認証範囲（事業所など）を拡大していく**ことも考えられます。認証登録後の維持については、Sec.13で解説します。

07 環境マネジメントシステムの構築

ISO規格の要求事項は、環境マネジメントシステムを構築する際のヒントを与えています。組織の状況にふさわしい適用範囲を決めて、組織の状況に適切な改善活動をはじめましょう。

組織の状況を把握する

環境マネジメントシステムで成果を出すためには、何のために環境マネジメントシステムで改善活動するのかを明確にしておくことがとても重要です。ISO 14001は、組織の状況（すなわち外部及び内部の課題、顧客などの利害関係者からの要求事項とそのうち順守義務）を決定して**環境マネジメントの適用範囲を決定**し、**環境マネジメントシステムを確立**することを要求しています【関連箇条4】。組織の状況に応じて適切な環境マネジメント活動を行うことが成果を出すポイントです。

■ 組織の状況を明確にする

市場の動向
開発競争の激化
原燃料の高騰
規制強化
少子高齢化
大雨による洪水
大雪で物流停止
嗜好の変化
資源の枯渇
法改正
環境問題

利害関係者
顧客、外部提供者、規制当局
近隣社会、株主、従業員

要求事項
そのうち順守義務

組　織

内部の課題

新製品の開発
人材の育成
ブランド
社会的責任
新技術の開発
設備老朽化
コストダウン
環境対策資金

組織の状況の明確化は、適用範囲を決定し、活動計画を策定する前提となる

トップマネジメントの役割

環境マネジメントシステムにおいては、トップマネジメントが環境マネジメントシステムの**方針や目標を策定**して、組織全体が同じ方向を向いて活動できるようにリーダーシップを発揮することも成果を出すためのポイントになります。環境マネジメントシステムでは、意図した成果を達成するために、また策定した方針や目標をかなえるために、トップマネジメントが**関連する役割を分担して責任と権限を与えます。**環境マネジメントシステムの管理責任者を任命するかどうかをトップマネジメントが判断して決定します（P.100参照）。トップマネジメントはこれらの機能がうまく活動して成果を出せるように、強いリーダーシップを求められています【関連箇条5】。

■ トップマネジメントの役割

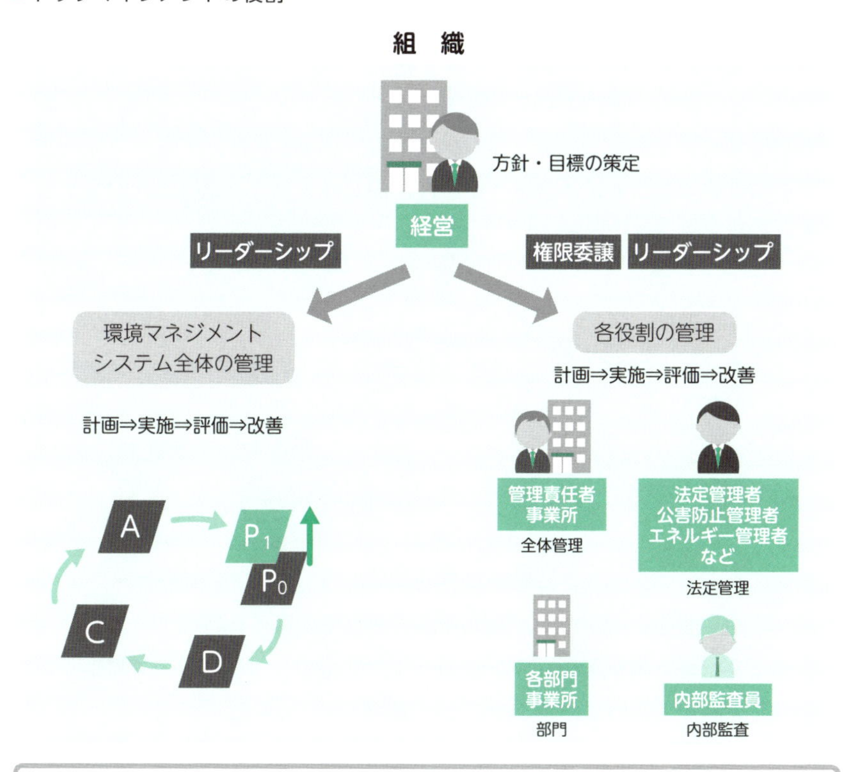

責任体制を決定したら責任に応じて権限を委譲し、リーダーシップを発揮して組織をけん引する

08 環境マネジメントシステムの計画

環境マネジメントシステムは、意図した成果（環境パフォーマンスを向上し順守義務を満たす）を達成するために、組織の状況から想定されるリスクに対処する計画を立てます。計画の適切さはシステムの成否につながります。

活動計画を立てる

環境マネジメントシステムの体制が整備できたら、それを運用することによって環境パフォーマンスを向上し、順守義務を満たし、環境目標を達成するための活動をはじめます。活動の最初は**活動計画**を立てることです（Plan）。

活動計画の２つの柱は、環境パフォーマンスの向上と順守義務を満たすことですが、さらにもう１つは組織の置かれた状況、すなわち内部・外部の課題や利害関係者からの要求（P.32参照）に基づいて、環境パフォーマンスの向上や順守義務の順守を阻害するさまざまな**潜在的なリスク**及び**組織の状況をよりよくするために行うこと（機会）**に取り組むことです（リスク及び機会への取組み）。これら3つのリスク及び機会への取組み（右ページ表参照）を計画することによって、環境マネジメントシステムの達成目標を明確にします。この際、規格が要求する“組織の状況を考慮し”計画していることが一目でわかる計画表にまとめます。一般的な計画表の様式例をP.124（年度計画）に示します。環境マネジメントシステムの活動計画は、以下のような攻めの活動（①）と守りの活動（②③）をバランスよく組み合わせるようにします。

①環境マネジメントシステムを改善するための環境目標（改善活動）

例：新製品開発、人材育成、設備更新、購買先開拓、作業改善、省エネなど

②環境マネジメントシステム要求事項を満たすため、並びに計画で特定した取組みを実施するために必要なプロセス管理【関連箇条8】

例：管理体制構築、購買管理、作業標準化、変更管理、外部委託したプロセスの管理、廃棄物処理、排水処理、排ガス処理など

③支援体制の維持（維持活動）

例：人材確保、設備維持、内外のコミュニケーション、文書・記録管理など

活動計画には、リスクと機会から優先度の高いものを選んで、それに対する取組みと方法を具体的に決定します。その実施時期と期限、責任部署、取組み結果の評価方法についても明確にしておきます。

■ 環境マネジメントシステムの活動計画

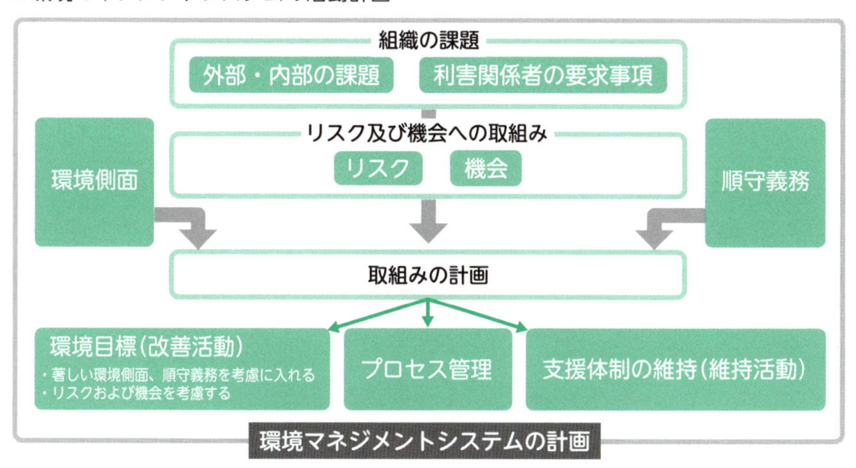

■ リスク及び機会への取組み例

課題・要求		計画	
		取組み	方法
外部	競合激化	新製品開発	開発計画
		販売戦略	販売戦略など
		コストダウン	合理化計画など
		他社提携	提携契約など
	法規制強化 コンプライアンス	管理体制構築	組織整備・手順整備・教育
	少子高齢化	人材確保	採用・育成・契約
	大雨による洪水	緊急事態に備える	緊急事態対応計画
	大雪で物流停止	緊急事態に備える	緊急事態対応計画
内部	人材確保	人材採用	採用計画
		人材育成	教育計画
	設備整備	設備更新	投資計画
		設備維持	メンテナンス計画
	原料管理	購買管理	購入計画、管理計画
		購買先開拓	開拓計画
	作業管理	作業標準化	手順の文書化
		作業改善	改善活動

09 環境マネジメントシステムの実施

環境マネジメントシステムの実施とは、運用のために必要な資源をはじめとする支援体制を整備する活動とともに、整えられた支援体制を用いて環境パフォーマンスを向上し順守義務を満たす運用活動を指します。

支援体制を整える

プロセスを運用するための支援体制の整備は、環境マネジメントシステム実施の第一歩です。右ページの図に示すように、環境マネジメントシステムは、環境パフォーマンスを向上し順守義務を満たすための主要プロセスに加えて、マネジメントシステム全体を管理するマネジメントプロセス、そして**主要プロセスの運用を支える支援プロセス**よりなります。

主要プロセスを構築するときに、各プロセスが有効に運用できるように、トップマネジメント及び権限を委譲された各プロセスの責任者は、必要に応じて経営会議などの承認を得て、箇条7の下記の要求に従って支援体制を整備し、確立します。

①資源【関連7.1】

プロセスの運用に必要な資源（要員、インフラストラクチャ、作業環境、測定機器、資金）を揃えます。インフラストラクチャは環境設備のほか情報管理のグループウェアなども含まれます。これらの資源については「一覧表」などでリスト化し、維持管理の方法を明確にしておくとよいでしょう。

②要員の力量【関連7.2】

要員に必要な力量を「力量表（スキルマップ）」「資格者一覧表」などに明確にし、必要に応じて「教育訓練計画」を立てて教育訓練などで要員に力量を付けます。

③要員の認識【関連7.3】

教育訓練やコミュニケーションを通じて要員に必要な認識を持たせます。

④組織外部・内部のコミュニケーション【関連7.4】

規格の要求に従って、順守義務を満たすことを含む必要な組織と外部、組織内部の情報伝達のしくみを作ります。文書は組織の規模や業務内容の複雑さに応じて体系的に整備します。

⑤文書化した情報（文書・記録）【関連7.5】

運用に必要な文書と実施した証拠を残す記録の書式を作ります。

環境マネジメントシステムの支援体制の整備は、環境パフォーマンスを向上し順守義務を満たす上で重要度の高い活動の1つとされています。従って、資源管理や力量管理などでは環境パフォーマンスを向上し順守義務を満たすために必要となる支援の計画を立ててそれらをしっかりと管理します。

■ 環境マネジメントシステムの支援体制

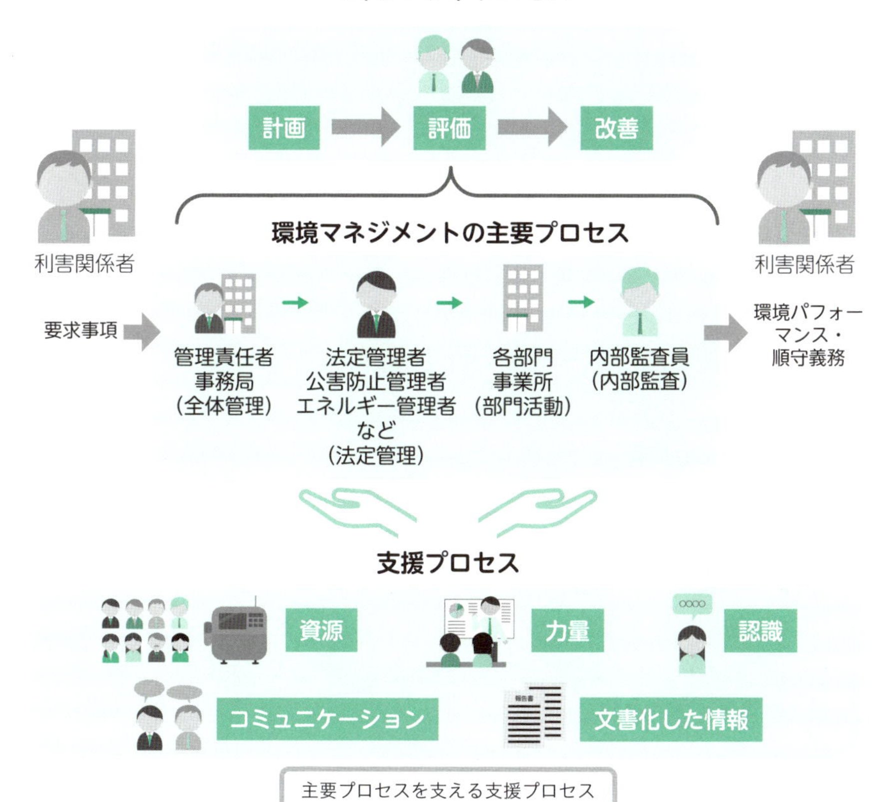

プロセスを運用する

環境マネジメントシステムの運用は、前ページの図に示した「環境マネジメントの主要プロセス」を実際に運用することを意味しています。

組織は、6.1及び6.2で特定した、環境側面・順守義務・リスク及び機会に対する取組みを実施して環境マネジメントシステム要求事項を満たすために必要なプロセスを確立し、実施し、管理し、かつ維持します。たとえば、廃棄物削減のために作業改善を行う、排水基準を満たすために排水処理設備の適正な運転・維持管理を行う、資格取得により力量ある要員を増やす、などのプロセスを指します。

プロセスの運用を管理する

組織は、環境マネジメントシステム要求事項を満たすためにプロセスに関する運用基準を設定し、その運用基準に従って各プロセスを管理します。運用基準には次のようなものが考えられます。

①環境目標の運用基準

環境目標の進捗管理（毎月、または３カ月ごとの評価など）のための適切な指標

②環境目標に取り上げられていない著しい環境側面の運用基準

監視・測定、運用管理のための環境パフォーマンスに関する適切な指標

③順守義務の運用基準

法規制基準値や法的要求事項の順守

順守義務に対応した規定事項の実施

④リスク及び機会に伴う運用基準

リスク管理のための規定事項の実施（上記②または③に含まれる場合もあり）

リスクアセスメントを実施している場合のリスク評価点

⑤ 外部提供者の運用基準

環境マネジメントシステムの購買先（外部提供者）評価基準に準拠

■ 工場（適用範囲）の運用プロセスの例

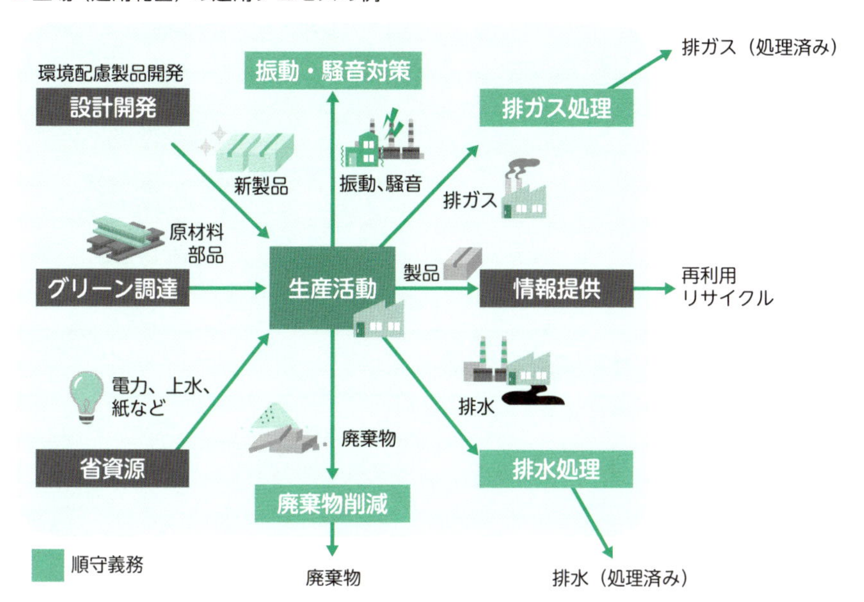

■ 順守義務の運用プロセスの例

プロセス	担当	手順	インプット	アウトプット	プロセスの管理基準
排ガス処理	製造担当者	フロー図	排ガス	排ガス（処理済み）	排ガス基準
排水処理	排水処理担当者	排水管理手順書	排水	排水（処理済）	排水基準
騒音対策	製造担当者	運転マニュアル	騒音	騒音	騒音基準
振動対策	製造担当者	運転マニュアル	振動	振動	振動基準
廃棄物処理	業務担当者	マニフェスト管理手順書	廃棄物	廃棄物	順守率

10 環境マネジメントシステムの評価と改善

環境マネジメントシステムは、計画に対して実施した結果を適切に評価し、必要に応じて環境マネジメントシステムを改善していくことによって有効に維持され、改善されます。

システム運用の結果を評価する

環境マネジメントシステムでは、その**運用した結果について適切な評価をして改善していく**ことが求められます。環境マネジメントシステムには、活動結果を評価する3つのしくみがあります。活動結果の監視・測定活動、内部監査、マネジメントレビューです。

順守義務を満たしている証明などの必要に応じて、校正されたまたは検証された監視機器及び測定機器を使用し、それらを維持しなければなりません。

また、順守義務による要求に従って、関連する環境パフォーマンス情報を内外でコミュニケーションしなければなりません。

これらの結果の証拠として文書化した情報（記録）を残します。

■結果を評価する

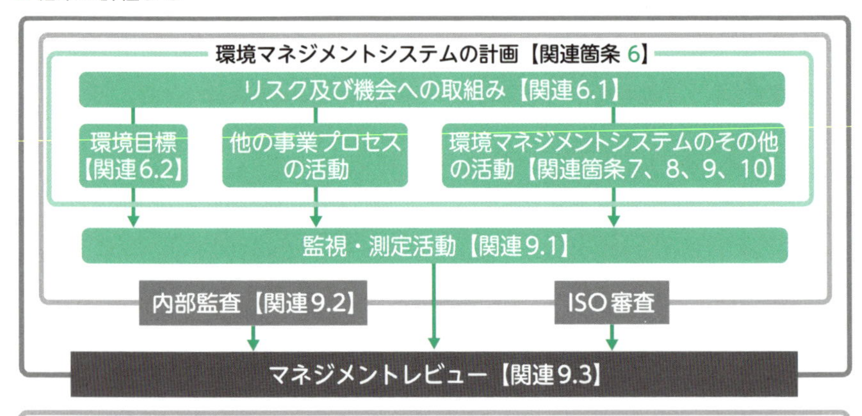

監視・測定活動、内部監査・ISO審査で得た情報は、マネジメントレビューで評価される

活動結果の監視・測定

組織、すなわちトップマネジメント及びプロセスの責任者は、監視・測定する対象とその方法と頻度を決定して運用中に情報を記録します。とくに環境パフォーマンスを評価するためには基準や適切な指標を決定して用います。集まった情報は、評価方法と頻度を決めて評価します。環境目標の他、日常活動において発生するさまざまな結果の中で評価が必要な項目を対象とし、監視・測定の結果を記録しておきます。環境マネジメントシステムでは、順守義務を満たしていることを評価する順守評価がとくに求められています【関連9.1.2】。

■ 監視・測定活動の内容

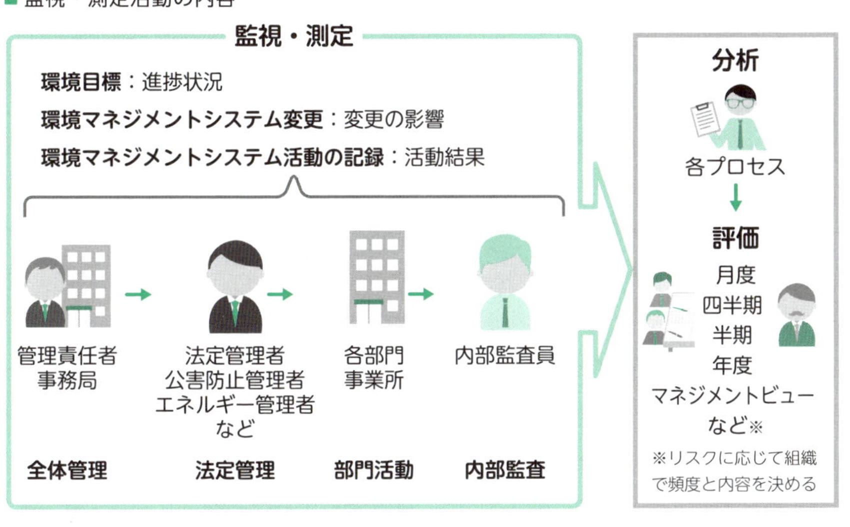

内部監査

内部監査は、組織が自らの力でマネジメントシステムの活動結果を分析・評価し、改善の機会を見つけるしくみです（Sec.46参照）。

トップマネジメントに代わって内部監査員が環境マネジメントシステムの実施状況を定期的に監査することによって、マネジメントシステムの適合性と有効性を評価します。内部監査の詳細な方法は、ISO 19011:2018「マネジメントシステム監査の指針」に従います。

・**監査員の選定と力量の確保**

内部監査を行うために、組織内で内部監査責任者を決定します。実効性を保つためには、被監査部門責任者に対等な立場の人がよいでしょう。そして責任者を中心に監査の実施を担当する内部監査員を選定します。**内部監査員は客観性及び公平性を確保する**ように（可能な限り自らの業務を監査することのないように）します。

内部監査員の力量はマネジメントシステムの有効性に直結します。組織に監査部門があればその人間が役割を担うこともできますが、そうでなければ選定された人に対して**監査についての教育訓練を行う**ことが必要です。こうして編成された人員で内部監査体制を確立します。

・**監査プログラムの策定と計画書の作成**

内部監査責任者は監査プログラムを策定します。**監査プログラムは、頻度、方法、責任、計画要求事項、報告を含む、監査の手順を定めたもの**です（P.168参照）。同時に各監査について、監査基準・監査範囲を定めます。

また、トップマネジメントや環境マネジメントシステム管理責任者の定める内部監査の目的に応じて、**年間の内部監査計画書を作成**します。計画は被監査部門に伝達し、いつどのような形で内部監査が行われるかを事前に承知してもらい、監査への対応を求めます。計画において選定された内部監査員は、限られた時間で最大限の効果を得るために、あらかじめ監査プログラムでその目的や監査範囲を確認しておきます。

・**内部監査の準備と実施**

年度計画に従って各部門の監査を実施します。担当の内部監査員は、関連する環境マニュアルや環境マネジメントシステムの文書類などを確認して“監査のポイント”を絞り込んだ内部監査の**チェックリストを作成**して内部監査の準備をします。内部監査員は、被監査部門と調整して実施日時を決定し、当日の実施プログラムを連絡します。

実施においては、チェックリストに基づいて、**文書化された情報の確認**のほか、**現場での活動の観察、被監査部門の担当者への面談**などを行い、必要な情報を集めます。被監査部門の“改善”につながる活動として、実施に伴って見えてきたチェックリストに記載していない内容に対しても調査を行います。

・**監査の報告とフォローアップ**

監査で得られた情報から、監査員は監査結果を**「内部監査報告書」**としてまとめます。報告書は被監査部門とともに、トップマネジメントや関連する管理層に伝達されます。不適合及び不適合につながる改善の機会があった場合は、指摘事項を報告書にします。

不適合及び改善の機会の報告書を受けた被監査部門は、修正処置と、必要に応じて改善する処置(是正処置)を行います。その後、内部監査員は**フォローアップ監査を行い、修正処置・是正処置について評価**を行います。フォローアップ監査は次回の計画監査の際に行う場合もあります。

マネジメントレビュー

マネジメントレビューは、監視・測定や内部監査・ISO審査によって得られた情報をもとに、環境マネジメントシステムの改善に向けた指示を出すトップマネジメントによって行われる分析・評価のプロセスです(Sec.47参照)。マネジメントレビューは、その目的に応じて年度、半期、四半期、月度などに実施します。各期間の環境マネジメントシステムの運用結果(パフォーマンス)を評価して次の期間の活動計画を立てるための指示や方向づけを行います。

マネジメントレビューの具体的な方法としては、規格要求事項にある各種のインプット情報をプロセスや機能部門の責任者が**報告書や会議でのプレゼンテーション**などの形でトップマネジメントに報告し、報告を受けたトップマネジメントがプロセスや機能部門に対して**次のアクションについて指示をします**(アウトプット)。

たとえば、生産部門の電力消費状況や排水基準・排ガス基準の順守状況、営業部門の環境配慮型製品販売状況を月度報告書にまとめ、経営会議もしくは業務別会議や環境会議で社長に報告することによって、社長から次月度のアクションについて指示を受けます。マネジメントレビューの記録として、各種インプット資料のほかに**社長指示事項や会議での協議事項などを議事録に残します。**

環境マネジメントシステムを改善する

ここまで説明した監視・測定・分析・評価、内部監査、マネジメントレビューのしくみを通じて、環境パフォーマンスを向上し、順守義務を満たすために改善の機会を明確にして取り組みます。改善の機会には、**環境パフォーマンスの改善**、あるいは**環境マネジメントシステムの改善**があります。

環境パフォーマンス及び順守義務の要求事項に対する不適合、環境マネジメントシステムの要求事項に対する不適合があった場合には、「修正処置」「是正処置」と呼ばれる処置をとります。**「修正処置」は、環境マネジメントシステムの要求事項やISO 14001要求事項に対して適合していないことを修正**してそれぞれの要求事項に適合しているようにする処置のことです。修正処置では不適合の原因がそのまま残っていますので、同じ不適合を再発する可能性が残ります。一方、**「是正処置」は不適合の原因を究明して取り除くこと**によって同じ不適合の再発を防止するものです。

継続的改善は、これらの改善の機会や修正処置・是正処置に取組むことによって、環境マネジメントシステムを継続的に改善していく活動のことをいいます(Sec.50参照)。

■ 不適合の処置

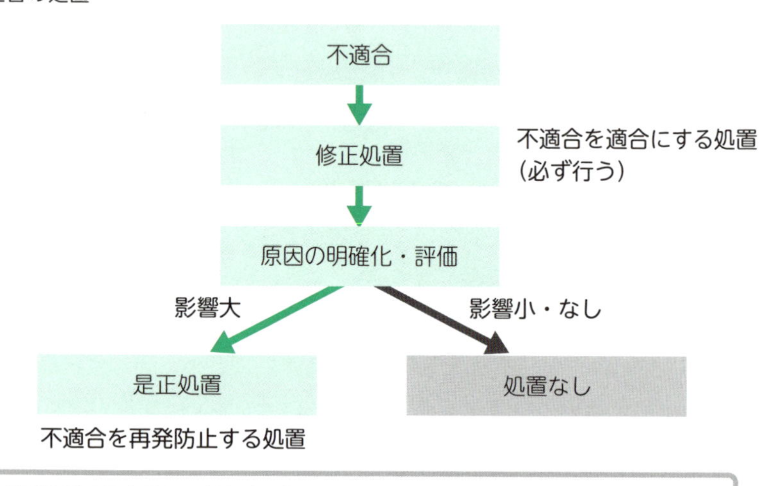

是正処置は根本原因に対処する処置で、不適合の影響の大小によって実施するか否かを評価する

再発防止には「なぜなぜ分析」を行う

環境マネジメントシステムを運用していく中で、不適合の再発防止対策（是正処置）を講じたにもかかわらず同じ不適合を再発することがよくあります。これは、不適合が発生した際の原因究明が不十分であったため、真の原因にたどり着いておらず、根本対策になっていないことを表しています。

不適合の真の原因にたどり着くためには、一般的に「なぜなぜ分析」がよいといわれています。不適合の原因について、なぜその原因が起きたのか（原因の原因）と“なぜ？”“なぜ？“を繰り返して、マネジメントシステムのしくみの不備を探し出す方法です。この方法によってマネジメントシステムの不備を改善すると同じ不適合の再発を防止することができます。このように、発生した不適合についてひとつひとつマネジメントシステムを改善していくことも重要な活動です。

■ 不適合の真の原因を明らかにして再発を防ぐ

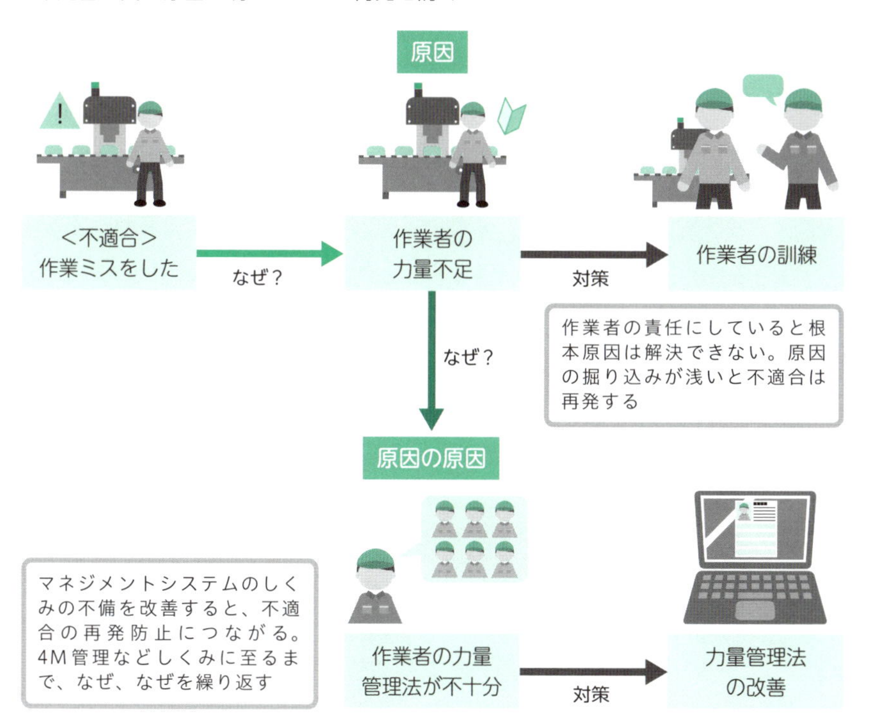

11 ISO認証制度

ISO認証制度は、組織の環境マネジメントシステムがISO 14001の要求事項を満たしていることを証明するための国際的なしくみです。各国の認定機関で「相互承認」制度を採用しており、認定を受けたすべての認証機関による認証は広く世界に通じます。

ISO認証制度とは

組織の環境マネジメントシステムに対するISO 14001認証は、原則1国に1機関ある認定機関から認定された審査登録機関（認証機関）によって与えられます。日本における認定機関は、**日本適合性認定協会（JAB）**であり、P.49の表に示す35の**ISO 14001認証機関**に認定を与えてISO認証制度を維持しています。

認証機関は、認証機関の資格認定基準を満たす審査員を派遣して組織の環境マネジメントシステムを審査し、組織の環境マネジメントシステムがISO 14001規格の要求事項を満たしていれば（ISO 14001に適合）、ISO 14001認証を与えます。

また、各国においてはISO認証制度による認定機関として、イギリスの英国認証機関認定審議会（UKAS）、アメリカの米国適合性認定機関（ANAB）などがあり、各国内で認証機関を認定し、各国内の組織に対して認証を与えています。「相互承認」制度は、認定機関の認定を受けた認証機関の出す認証が海外でも正式な認証として認められる制度であり、日本ではJABが他国の認定機関と「相互承認」をしていることから、**JAB認定を受けた認証機関によるISO 14001認証は、国際的にも有効**な証明になります。

組織がISO 14001認証を与えられると、認証証明書（登録証）を受領するとともに、認証機関のロゴマークや認定機関のロゴマークを使用することが許可されます。**認証ロゴマークや認定ロゴマーク**は、会社パンフレットやホームページ、製品カタログ、名刺などに使用することができます。ロゴマークの使用方法に関しては、認証機関及び認定機関によって定められています。

■ ISO 認証制度の組織体系

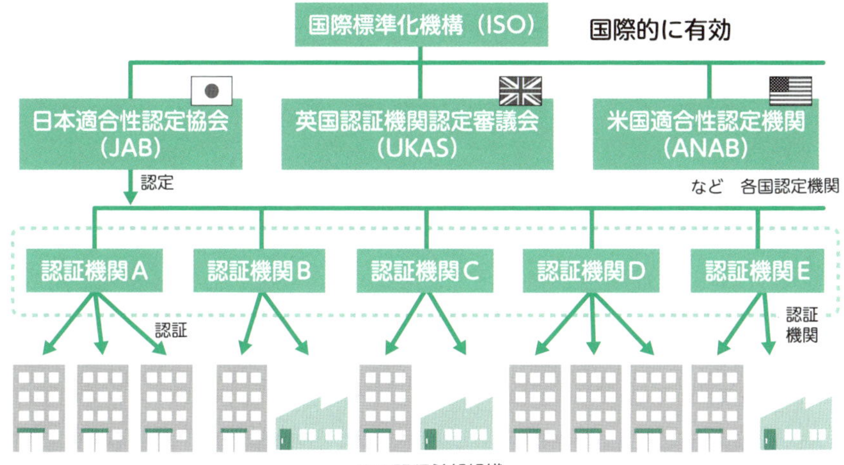

■ 認証証明書、ロゴマーク

認証証明書（登録証）

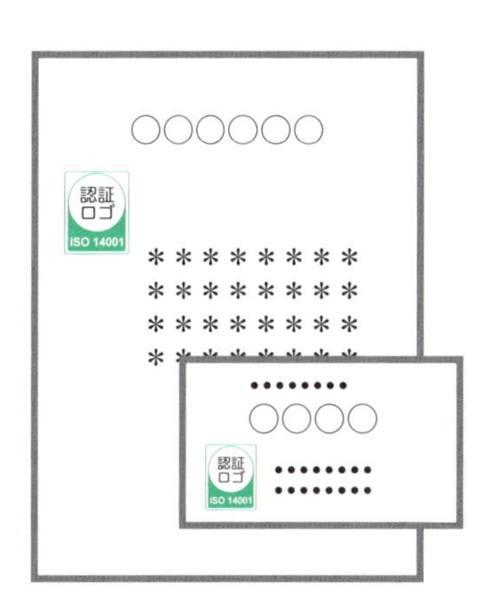

カタログや名刺など

認証機関を選ぶ

組織がISO 14001の認証を受けるには、**認証機関による審査**を受ける必要があります（Sec.12参照）。ISO 14001認証登録のステップはP.51に示すとおりです。認証登録を希望する組織は、まず認証機関の情報収集や問い合わせを通じて**組織の状況に適した認証機関を選定します**。

2024年3月現在、ISO 14001の審査機関として日本適合性認定協会（JAB）に登録されている認証機関は、右ページの一覧表に示す35機関あります。表中にある認定番号は、JABによる認定順序を表しており、認定番号が大きいほどJAB認定を受けた時期が最近ということを示しています。

マネジメントシステムは、将来長くお世話になる“住まい”のようなものですので、審査機関の選定にあたっては、登録・維持にかかる費用（P.50参照）だけでなく、審査機関の認証実績、審査方針、組織が属する業界の事情、組織が環境マネジメントシステム以外の他のマネジメントシステムを導入する可能性、組織が海外へ事業展開する可能性などを考慮して、組織の状況に合った認証機関を選ぶことが望まれます。

認証機関の詳しい情報については、JABホームページ及び各認証機関のホームページを参照してください。

■日本適合性認定協会ホームページ（https://www.jab.or.jp/）

■ JAB認証機関

2024年3月現在

認定番号	名称	略称
CM001	日本規格協会ソリューションズ株式会社　審査登録事業部	JSA-SOL
CM002	日本検査キューエイ株式会社	JICQA
CM003	日本化学キューエイ株式会社	JCQA
CM004	一般財団法人　日本ガス機器検査協会　QAセンター	JIA-QA Center
CM005	一般財団法人　日本海事協会	ClassNK
CM006	日本海事検定キューエイ株式会社	NKKKQA
CM007	高圧ガス保安協会　ISO審査センター	KHK-ISO Center
CM008	一般財団法人　日本科学技術連盟　ISO審査登録センター	JUSE-ISO Center
CM009	一般財団法人　日本品質保証機構　マネジメントシステム部門	JQA
CM012	SGSジャパン株式会社　認証・ビジネスソリューションサービス	SGS
CM013	一般財団法人　電気安全環境研究所　ISO登録センター	JET
CM014	一般社団法人　日本能率協会　審査登録センター	JMAQA
CM015	一般財団法人　建材試験センター　ISO審査本部	JTCCM MS
CM017	一般財団法人　日本エルピーガス機器検査協会　ISO審査センター	LIA-AC
CM018	一般財団法人　日本建築センター　システム審査部	BCJ-SAR
CM019	DNV　ビジネス・アシュアランス・ジャパン株式会社	DNV
CM020	一般財団法人　日本自動車研究所　認証センター	JARI-RB
CM021	株式会社　日本環境認証機構	JACO
CM023	公益財団法人　防衛基盤整備協会　システム審査センター	BSK
CM024	株式会社　マネジメントシステム評価センター	MSA
CM025	ペリー　ジョンソン　レジストラー　インク	PJR
CM026	一般財団法人　日本燃焼機器検査協会　マネジメントシステム認証センター	JHIA-MS
CM027	一般財団法人　ベターリビング システム審査登録センター	BL-QE
CM028	ドイツ品質システム認証株式会社	DQS Japan
CM029	一般財団法人　発電設備技術検査協会　認証センター	JAPEIC-MS&PCC
CM033	株式会社　国際規格認証機構	OISC
CM034	国際システム審査株式会社	ISA
CM038	アイエムジェー審査登録センター株式会社	IMJ
CM040	株式会社 ジェイ-ヴァック	J-VAC
CM042	ビューロベリタスジャパン株式会社　システム認証事業本部	BV サーティフィケーション
CM044	株式会社　ISO審査登録機構	RB-ISO
CM047	北日本認証サービス株式会社	NJCS
CM054	AUDIX Registrars株式会社	AUDIX
CM058	中央労働災害防止協会　安全衛生マネジメントシステム審査センター	JISHA
CM059	ソコテック・サーティフィケーション・ジャパン株式会社	SOCOTEC

12 審査を受ける

ISO 14001の認証を受けるためには、認証機関に対して申請手続きを行い、審査までに必要な準備を行って審査を受けなければなりません。審査で不適合などの指摘を受けると、審査後に是正処置が必要になることもあります。

申請手続き、審査の準備

組織がはじめてISO 14001認証を登録するときの初回認証審査のためのステップを右ページの図に示します。認証登録を希望する組織は、まず、認証機関（P.49参照）を選定し、その認証機関に審査の申請を行います。

申請手続きに必要な文書類は審査機関によって多少差があります。初回認証審査の申請書とともに認証機関が審査計画を立てるために必要な環境マネジメントシステムに関する文書類を要求されることがあります。従って、少なくとも**申請手続きをする時点では自力で、もしくはコンサルタント会社の支援を受けて環境マネジメントシステムを構築できている**ことが必要です。

申請手続きを行う時期は、審査員の審査スケジュールの確保と審査のための準備期間を確保する必要がありますので、通常は、組織が審査を希望する時期の数カ月前になります。

審査費用は審査機関によって多少の差がありますが、おおむね、

①審査基本料金
②適用組織の人数に基づく審査工数に伴う料金
③審査員の移動などのための料金（実費）
④その他の料金（通訳、技術専門家などを用いる場合）

の合計になります。

初回認証審査の申請手続きに関する詳細については、認証機関のホームページ、もしくは認証機関に直接問い合わせて相談してください。

初回認証審査の申請手続きに必要な文書は、下記になります。

- **初回認証審査申請書**
- **組織の適用範囲に関する文書**（組織、所在地など）
- **製品及びサービスの適用範囲に関する文書**
- **環境マネジメントシステムに関する文書**（マニュアル（ある場合）など）

※具体的な文書名は認証機関によって異なります。

■ 認証登録までのステップ

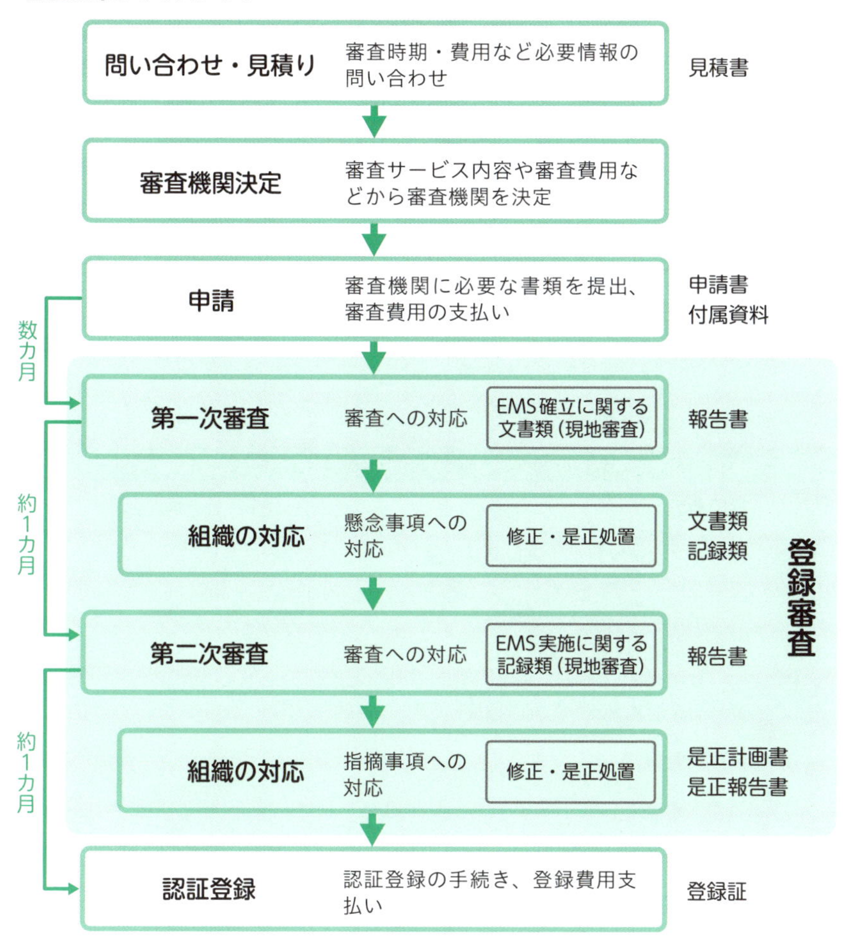

※EMS……環境マネジメントシステム

一次審査と受審後の対応

ISO 14001認証登録のための初回認証審査は、一次審査と二次審査があります。一次審査は、環境マネジメントシステムを規定したマニュアル（ある場合）、**組織体制や管理構造、環境パフォーマンスを向上し、順守義務を満たすためのプロセスが整備されているか**どうかを審査します。

■一次審査で評価、確認される内容

評価	・環境マネジメントシステムの文書化した情報に不備・不足がないか ・内部監査やマネジメントレビューの実施状況または計画状況 ・組織が二次審査へ進めるかどうか
確認	・認証機関による二次審査の計画立案に必要となる組織の場所や審査員の移動方法などの組織固有の条件

審査は認証機関から派遣された審査員により、審査対象の組織のある場所（事業所や工場など）で行われます。申請時に提出した文書をもとに、**管理責任者あるいは相当する機能（部門）の代表者から審査員が話を聞く**（説明を受ける）形で進められます。例のように会議や面談、現場視認などが行われます。

■一次審査の例（対象人数10人）

時間	内容	担当者
9:00	**初回会議**	監査リーダー／管理責任者、部門長
9:30	**環境マネジメントシステム概要：** 組織、適用範囲、文書体系、内部監査、マネジメントレビューなど	管理責任者
12:00	**昼休**	
13:00	**環境マネジメントシステム概要**（続き）	管理責任者
14:00	**部門概要**	部門長
15:00	**現場概要確認**	部門長
16:00	**最終会議準備**	
16:30	**最終会議**	監査リーダー／管理責任者、部門長
17:00	**終了**	

対象者10人の組織の例では、審査員1人が1日で審査を行います（1人日）。審査工数は対象人数が増えると多くなります。初回会議のあと、管理責任者（いる場合）がおもに審査対応し、部門長が部門概要の説明を行い審査員を案内して現場を審査してもらいます。審査員は、すべての審査が終わると審査報告書をまとめます。最終会議でその内容を被審査組織に伝えて被審査組織の合意をとります。その監査報告書をもって認証機関に報告します。

一次審査で、審査員が二次審査を受けるための準備が整っている、またはある程度の期間で整えることができると判断した場合には、審査員は審査機関へ二次審査移行への推薦を行い、審査機関の判定会が行われ、そこで**一次審査の約1カ月から6カ月後までに二次審査を行う計画が決定**されます。判定会の結果は、メールなどで組織に通知されます。

一次審査でISO 14001要求事項や環境マネジメントシステム要求事項に適合していない事実が見つかると、“不適合”ではなく二次審査で不適合になる可能性のある**“懸念事項”**とされます。組織は“懸念事項”を受けても修正や是正して二次審査に進むことができますが、重大な“懸念事項”が見つかった場合には、一次審査のすべてまたは一部を繰り返すことになり、二次審査が延期または中止になる可能性もあります。

COLUMN

審査に立ち会える人々

一次・二次審査においては、組織と認証機関との合意により「オブザーバ」「技術専門家」「案内人」を設けることが認められています。オブザーバには、組織の中から内部監査員やリーダー層を参加させて力量向上に役立てたり、コンサルタントを加えて審査結果を改善活動に有効に活用するなどの目的があります。

■審査に立ち会える人々

オブザーバ※	審査に影響を与えてはならない見学者。組織の一員、コンサルタント、認定機関の要員など
技術専門家※	審査員に同行し、技術的な助言を与える専門家
案内人	審査が円滑に進むように審査員を案内する組織の要員。 オブザーバと同様に審査に影響を与えてはならない

※審査の実施に先立って合意が必要

■一次審査と二次審査

	一次審査	二次審査
審査の目的	・環境マネジメントシステム文書レビュー ・二次審査の準備状況の判定するための協議、準備状況の評価	・環境マネジメントシステム要求事項・規格要求事項・法規制・その他要求事項への適合性 ・環境マネジメントシステム有効性の評価
審査の対象	・環境マネジメントシステム文書	・環境マネジメントシステム文書・記録 ・現場 ・要員
審査の方法	・文書レビュー (・観察 ・インタビュー)	・文書レビュー ・観察 ・インタビュー
対象者	・管理責任者または相当者 (・プロセスの責任者)	・トップマネジメント ・管理責任者または相当者 ・プロセスの責任者、要員
審査機関からの通知内容	二次審査の詳細計画	認証登録推薦
通知結果に含まれる可能性	・懸念事項	・不適合、改善の機会 ・グッドポイント
組織の対応	・修正処置 ・是正処置	・修正処置 ・是正処置

二次審査と受審後の対応

二次審査は、環境マネジメントシステムの**計画状況およびその実施状況を確認**することによってISO規格要求事項や組織の環境マネジメントシステムの**要求事項などへの適合性や有効性を評価**し、環境マネジメントシステムの認証可否について評価します。

二次審査は、適用範囲の組織における現地審査で、組織のある場所に審査員が派遣されて行われます。環境マネジメントシステムの機能（部門）やプロセスを審査しますので、**トップマネジメントをはじめ、おもに機能やプロセスの代表者**（部課長）またはその代理人（下位の役職者）が審査を受けますが、「認識」に関する要求事項や手順書などの運用状況については現場の作業者を審査することもあります。

対象者10人の組織の例では、審査員1人が2日で審査を行います（2人日）。

■ 二次審査の例（対象人数10人）

	時間	内容	担当者
1日目	9:00	**初回会議**	監査リーダー／トップマネジメント 管理責任者、部門長
	9:30	**トップインタビュー**	トップマネジメント
	10:00	**環境マネジメントシステム概要**： 組織、適用範囲、文書体系、内部監査など	管理責任者
	12:00	**昼休**	
	13:00	**環境側面、順守義務**	事務局
	17:00	**終了**	
2日目	9:00	**部門監査・現場監査**	部門長
	12:00	**昼休**	
	13:00	**部門監査・現場監査**	部門長
	16:00	**最終会議準備**	
	16:30	**最終会議**	監査リーダー／トップマネジメント 管理責任者、部門長
	17:00	**終了**	

審査工数は対象人数が増えると多くなります。初回会議のあと、最初にトップインタビューで運用結果の概要とマネジメントレビューなどでのトップの指示内容を確認し、環境マネジメントシステムの全体の実施状況を把握します。その後、管理責任者に環境マネジメントシステムの計画、内部監査の実施状況などの環境マネジメントシステム全般に関わるインタビューを行います。

部門監査・現場監査では部門長、さらには必要に応じて現場の作業者へとインタビューの対象を広げていきます。第一次審査と同様に、審査員は監査報告書をまとめて最終会議で被監査組織に監査報告書の確認と合意をとり、認証機関に報告します。

二次審査でISO 14001規格要求事項や環境マネジメントシステム要求事項に適合していない事実が見つかると“不適合”と判定され、組織は、審査機関の定める**期限内に是正処置報告書、または是正処置計画書を提出**しなければなりません。審査チームがそれらの是正処置報告書／計画書を妥当なものと判断した場合にはそれらを受理し、必要に応じて実施結果の検証を行います。二次審査の後、審査員の審査報告書または是正処置報告書／計画書を認証機関内で評価することによって認証登録の可否を決定します。

登録が認められた場合は、審査後1カ月程度でメールなどで組織に通知されます。その後、組織は認証登録の手続きを行い、登録費用を支払うことによって、登録証が発行され郵送されます。

13 認証を継続する

ISO 14001の認証を維持することによって、環境を保護する活動をより高いレベルで達成できるようになります。環境マネジメントシステムを継続的に改善し、顧客および社会の信頼を得て組織の事業活動に貢献することで真価を発揮します。

環境マネジメントシステムを継続的に改善する

ISO 14001認証登録は環境マネジメントシステムの終着点ではなく、環境パフォーマンスを向上し順守義務を満たすことを目指して環境マネジメントシステムを継続的に改善していくための出発点です。

環境マネジメントシステムを継続的に改善していくためには、PDCAを実践し、かつPDCAを有効に回さなければなりません。

■ 環境マネジメントシステムの継続的改善

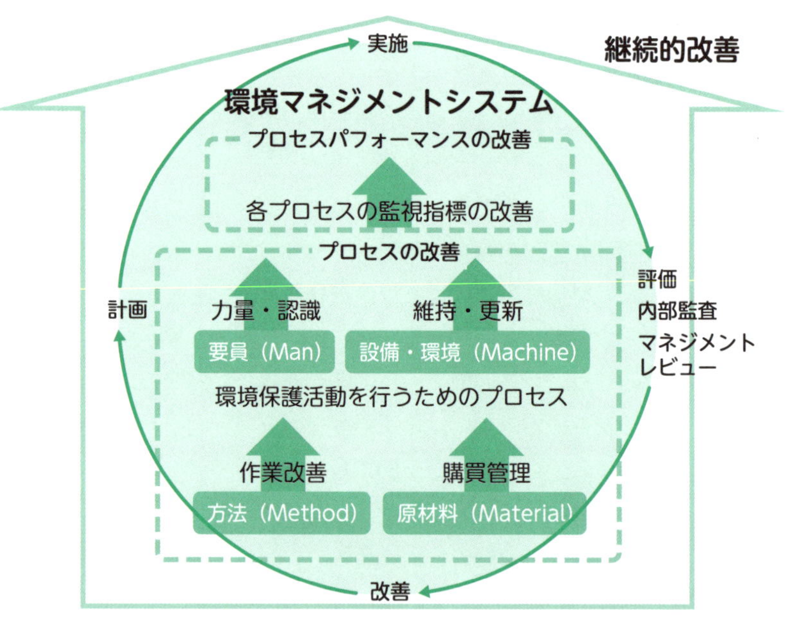

PDCAの実践とは、規格の要求に従って、組織の状況を把握し（箇条4）、リスク及び機会への取組みを計画し（箇条6）、運用のための支援体制を整え（箇条7）、組織の各機能（部門）で定められた事業プロセスを運用し（箇条8）、運用結果を評価し（箇条9）、改善していく（箇条10）ということです。

ここで、PDCAが有効に実践されている状態とは、環境マネジメントシステムの運用結果によって次の計画が直前の計画よりもレベルアップできていることを指します。

環境マネジメントシステムの運用によって、たとえば、資源の維持管理レベルの改善、要員の力量向上、コミュニケーションの円滑化、環境マネジメントシステム文書管理の改善といった支援体制の強化を含む**4Mを改善**したり、環境パフォーマンスを向上し順守義務を満たす各プロセスの監視指標を尺度として**プロセスを継続的に改善**することによって、内外の状況変化に対応することのできる頑健な環境マネジメントシステムの確立を目指します。

このような環境マネジメントシステムの確立を目指すにあたり、環境マネジメントシステムの運用結果はプロセスの監視・測定によって得られるものもありますが、環境マネジメントシステムが有効に機能しているかどうかについての情報収集は内部監査によって行われます。そのため、頑健な環境マネジメントシステムの確立を目指すにあたり、**内部監査が非常に重要な役割**を担っています。

■ 環境マネジメントシステムの改善による便益

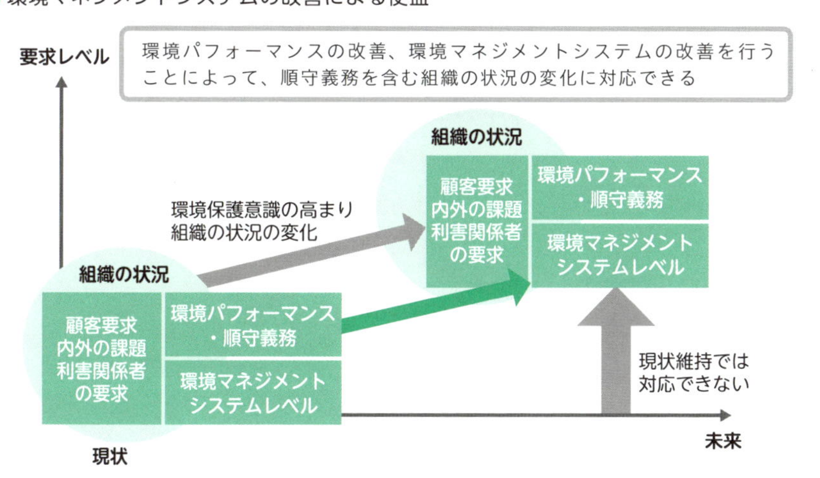

認証登録以降の各種審査

(1) 認証登録を維持、更新するための定期審査（サーベイランス審査、再認証審査）

認証登録後に組織は、以上のような改善を継続しながら、環境マネジメントシステムが健全に運用されている状況について、第三者である認証機関による審査を受けながら認証登録を維持していきます。ISO 14001認証登録の有効期間は3年間であり、少なくとも**年1回のサーベイランス審査（維持審査）**と、**3年ごとに再認証審査（更新審査）**を受けて再認証を繰り返しながら認証登録を維持します。

(2) 認証範囲を拡大するための審査（拡大審査）

組織の状況の変化に基づいてISO 14001**認証範囲の拡大**（適用範囲や認証サイト（場所）の拡大など）を希望する場合には、審査機関による拡大審査を受けることによって拡大することができます。拡大審査は、サーベイランス審査や再認証審査などの定期審査と同時に受けることもできますが、定期審査とは別の時期に臨時で受けることもできます。

(3) 目的に応じた特別な審査（特別審査）

各種審査の指摘事項に対する**是正処置のフォローアップ**のために、審査機関が特別に審査を設定した場合は受けなければなりません。また、**組織の目的（たとえばクレームの原因調査など）に応じて**審査機関との相談の上で、定期審査とは異なる時期に特別な審査を受けることもできます。

サーベイランス審査や再認証審査については、あらかじめ審査の時期が決められている定期審査ですので、審査機関で審査員の確保が予定されており、手続きについても審査機関からの案内に従って審査の準備を進めることができます。

一方、組織の希望によって臨時に行われる拡大審査と特別審査は、組織が希望する審査の内容と時期などを審査機関に前もって連絡しておき、審査機関に審査員を確保してもらうなどの準備をする必要があります。

■ サーベイランス審査、再認証審査

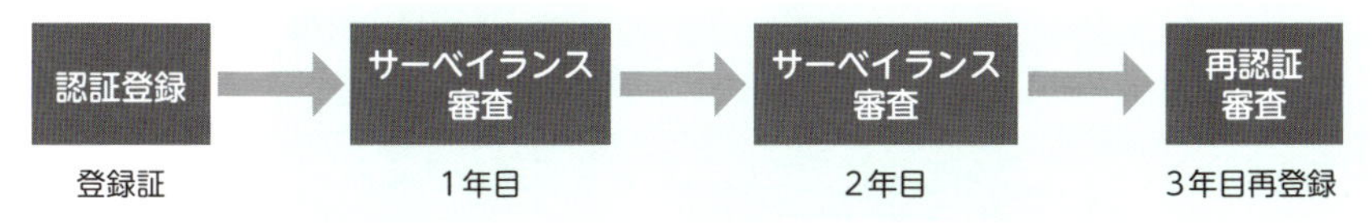

■ 拡大審査、特別審査

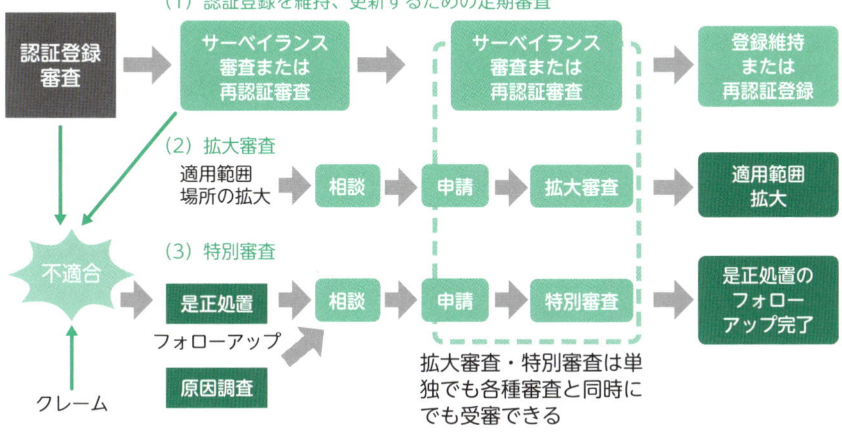

■ 各審査の時期と内容

種類	時期	内容
サーベイランス審査（維持審査）	毎年	認証登録の維持を評価します。必ずしも全面的な審査ではなく、3年間を1サイクルと考えて計画的に行われます
再認証審査	毎3年	認証登録の更新の可否を評価します。直近3年間の環境マネジメント全体のパフォーマンスについて現地審査、期間内のサーベイランス審査結果を含めて評価されます
拡大審査	必要時	対象範囲（製品及びサービス、場所、業務内容）を拡大するとき、臨時もしくはサーベイランス審査時に受けます
特別審査	必要時	サーベイランス審査や再認証審査などの計画された時期以外の必要時（たとえば苦情原因の調査や是正処置のフォローアップなど）に認証機関と日程などの審査条件を決定して受けます
複合審査・統合審査（参考）	毎年 毎3年	複数のマネジメントシステムを複合・統合して運用している組織に対して、サーベイランス審査や再認証審査を同時に実施します。複合・統合の程度に応じて審査工数が削減されます

(4) 複合審査・統合審査（参考）

ISO 14001規格は2015年版の改訂でMSS共通テキストを採用しており、品質マネジメントシステムや情報セキュリティマネジメントシステムなどの**複数のマネジメントシステムを複合あるいは統合して運用する**ことがやりやすくなりました。“複合”とは複数のマネジメントシステムを単に組み合わせること、“統合”とは複数のマネジメントシステムを組み合わせたときに重複するしくみを1つにすることをいいます。

ISOマネジメントシステム規格は複数ありますが、組織をマネジメントするためのしくみは本来1本にしたいところです。複数のマネジメントシステムを統合することは、組織のマネジメントシステム運用面で重複作業を減らせることや、相乗効果を期待できるなどのメリットがあります。また、ISOの審査においても**複合・統合の程度に応じて審査工数を削減できるメリット**があります。

■ 各種審査の範囲の詳細

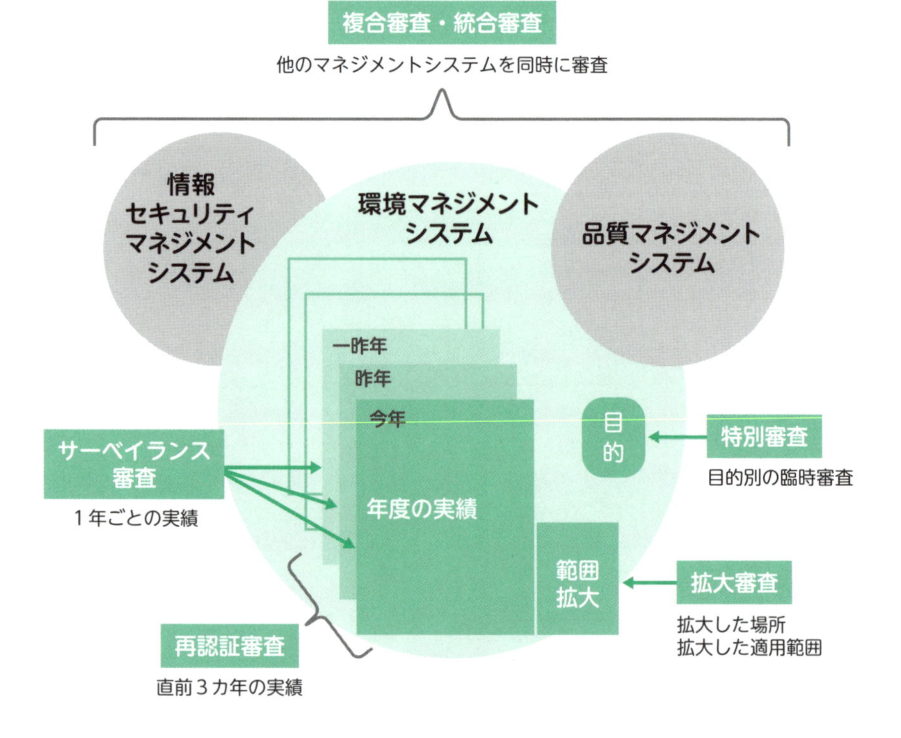

3章

ISO 14001規格の重要用語解説

ISO 14001では、箇条3でこの規格で用いるおもな用語の定義がされています。各業種によって解釈が異なることのないよう、汎用性を持たせた表現となっています。これらの用語を確認することで、ISO 14001規格の理解がより深まります。

14 3.1 組織及びリーダーシップに関する用語

本章では、箇条3に定義されている重要な用語を項目順に解説します。3.1は「4 組織の状況」及び「5 リーダーシップ」に関する用語です。これらの用語はすべて環境マネジメントシステムを組織として確立し、導いていく活動に関わっています。

組織及びリーダーシップに関する用語（システムに関する用語）

3.1.1 マネジメントシステム (management system)

方針、目的（3.2.5）及びその目的を達成するためのプロセス（3.3.5）を確立するための、相互に関連する又は相互に作用する、組織（3.1.4）の一連の要素

注記１ 一つのマネジメントシステムは、単一又は複数の分野（例えば、品質マネジメント、環境マネジメント、労働安全衛生マネジメント、エネルギーマネジメント、財務マネジメント）を取り扱うことができる

注記２ システムの要素には、組織の構造、役割及び責任、計画及び運用、パフォーマンス評価並びに改善が含まれる

注記３ マネジメントシステムの適用範囲としては、組織全体、組織内の固有で特定された機能、組織内の固有で特定された部門、複数の組織の集まりを横断する一つ又は複数の機能、などがあり得る

プロセスは、マネジメントシステムの重要な構成要素です。プロセスには、人や設備などの資源、管理方法を規定した手順、管理するための管理基準、改善するための目標などが構成要素として含まれます。

マネジメントシステムは、いくつかのプロセスとそれらの相互作用を含むシステムとして管理します。システムの要素には、注記２にあるように、組織の構造、役割及び責任、計画及び運用、パフォーマンス評価及び改善という、ISO 14001の要求していることを含みます。

注記1は、複数の異なるマネジメントを1つのマネジメントシステムに統合して行うことができることも意味しています。ISO 14001がMSS共通テキストに従って作成されているのは、他のマネジメントとの統合を容易にする意図があります。

3.1.2 環境マネジメントシステム (environmental management system)

マネジメントシステム（3.1.1）の一部で、環境側面（3.2.2）をマネジメントし、順守義務（3.2.9）を満たし、リスク及び機会（3.2.11）に取り組むために用いられるもの

環境マネジメントシステムは、環境側面をマネジメントし、順守義務を満たすことを目的とした活動です。さらに2015年の改訂で、他のマネジメントシステムと同様に、リスクベースの考え方を取り込んでリスク及び機会にも取り組むしくみとなっています。

3.1.3 環境方針 (environmental policy)

トップマネジメント（3.1.5）によって正式に表明された、環境パフォーマンス（3.4.11）に関する、組織（3.1.4）の意図及び方向付け

環境方針は、組織の環境保護に関する活動の方向付けをする重要なものです。組織のトップマネジメントによって示されること、及びその内容に盛り込まなければならないコミットメントについて規格の要求事項があります【関連5.2】。

■ 環境マネジメントシステムのイメージ

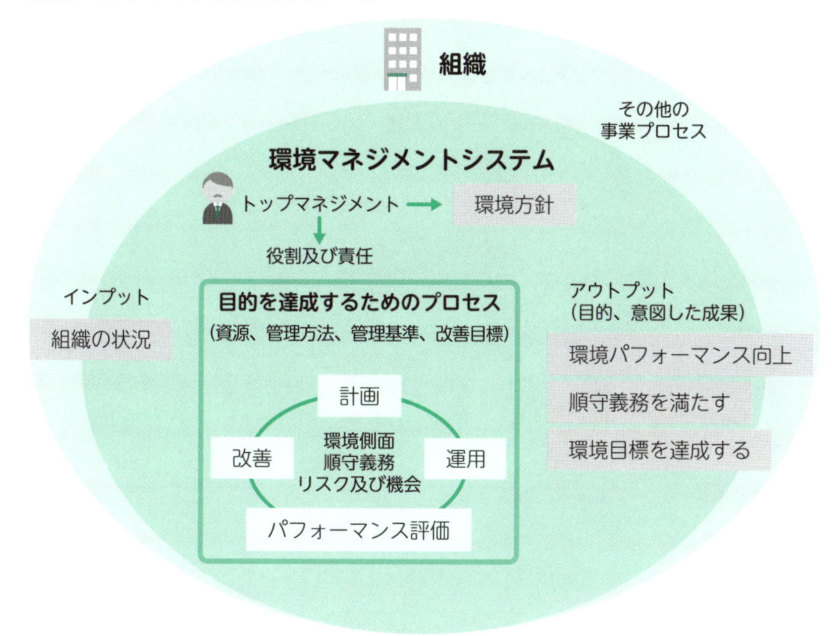

組織及びリーダーシップに関する用語（機能に関する用語）

3.1.4　組織（organization）

自らの目的（3.2.5）を達成するため、責任、権限及び相互関係を伴う独自の機能を持つ、個人又は人々の集まり

注記　組織という概念には、法人か否か、公的か私的かを問わず、自営業者、会社、法人、事務所、企業、当局、共同経営会社、非営利団体若しくは協会、又はこれらの一部若しくは組合せが含まれる。ただし、これらに限定されるものではない

ISO 14001において、「組織は○○しなければならない」という要求事項は、環境マネジメントシステムを適用する組織全体についても、その中で役割を分担する一部の機能（部門やプロセス）についても用いられます。たとえば、6.2で組織が確立する環境目標は、全体目標、部門目標、プロセス目標などがあり得ます。

3.1.5　トップマネジメント（top management）

最高位で組織（3.1.4）を指揮し、管理する個人又は人々の集まり

■環境マネジメントシステムにおけるトップマネジメントと組織

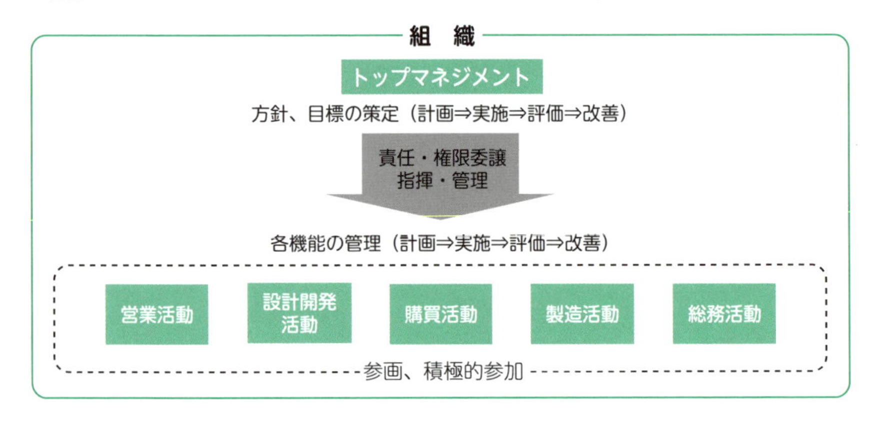

マネジメントは、一般的に経営、管理などの活動を表しますが、人を指すこともあります。マネジメントシステムを構築する組織に応じて、経営者、複数

の人からなる経営層、事業部長や工場長などを指します。トップマネジメントは、マネジメントシステムの中で最高の権限を持ち、方針及び目標を定め、組織内の関連する機能に適切に責任と権限を委譲し、必要な資源を提供することによって、目標を達成するために組織を指揮し管理します。

3.1.6 利害関係者 (interested party)

ある決定事項若しくは活動に影響を与え得るか、その影響を受け得るか、又はその影響を受けると認識している、個人又は組織 (3.1.4)

例　顧客、コミュニティ、供給者、規制当局、非政府組織 (NGO)、投資家、従業員

注記　"影響を受けると認識している" とは、その認識が組織に知られていることを意味している

環境マネジメントシステムは、組織の適用範囲が周辺に及ぼす環境影響をマネジメントするしくみですので、利害関係者との関係が深いものになります。組織が存在する地域社会という狭い範囲だけでなく、国の**法規制要求事項や、ライフサイクルの視点**に基づいて、地球環境にいたる広い範囲について環境影響を低減する活動ととらえて利害関係者を考える必要があります。

■ 組織の利害関係者

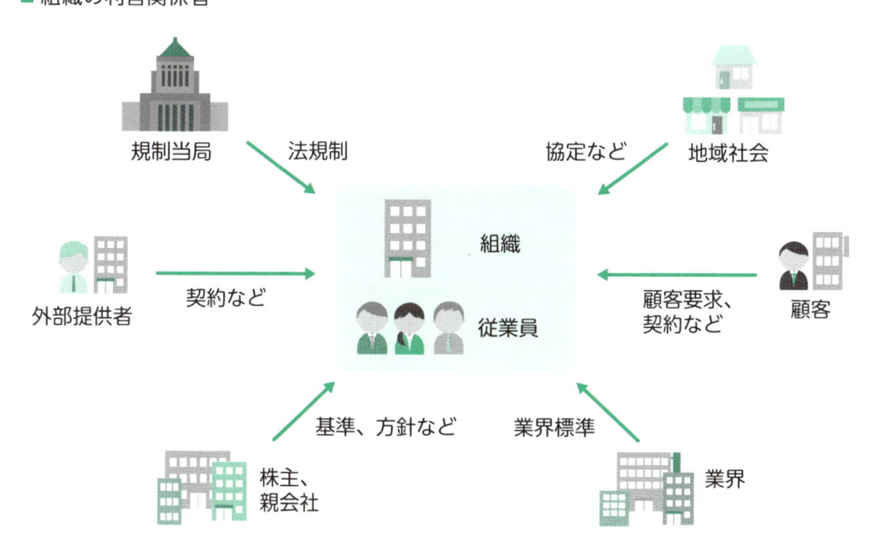

15 3.2 計画に関する用語

環境マネジメントシステムにおける「6 計画」に関する用語です。これらの用語はすべて環境マネジメントシステムを組織として運用する内容を計画する活動に関わっています。

計画に関する用語（環境側面）

3.2.1 環境 (environment)

大気、水、土地、天然資源、植物、動物、人及びそれらの相互関係を含む、組織 (3.1.4) の活動をとりまくもの

環境として対象とする要素を例示して定義しています。取り巻くものの対象は、組織内から近隣地域、地方および地球規模まで広がり得ます。

3.2.2 環境側面 (environmental aspect)

環境 (3.2.1) と相互に作用する、又は相互に作用する可能性のある、組織 (3.1.4) の活動又は製品又はサービスの要素

■ 組織の環境側面のイメージ

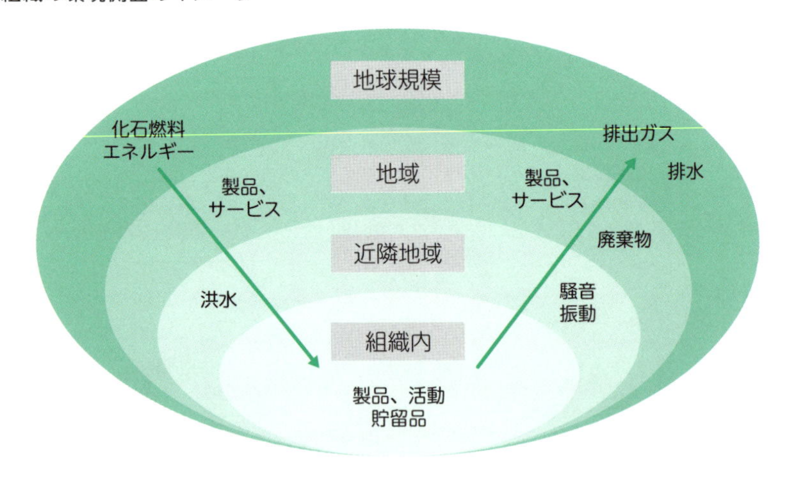

環境マネジメントシステムでは、環境側面と環境影響を明確にします。環境影響を評価して大きな影響を及ぼすものを「著しい環境側面」として選び出し、その環境影響を低減する活動を行います。その活動を「環境パフォーマンスを向上させる」といい、環境マネジメントシステムの意図した成果の1つとします【関連3.4.11】。

3.2.3 環境状態 (environmental condition)

ある特定の時点において決定される、環境 (3.2.1) の様相又は特性

組織及びその状況の理解 (4.1)、並びにリスク及び機会への取り組み (6.1.1) において、組織に影響を与える可能性のある (外部の) 環境状態を含めるように要求があります【関連4.1、6.1.1】。

計画に関する用語 (環境影響)

3.2.4 環境影響 (environmental impact)

有害か有益かを問わず、全体的に又は部分的に組織 (3.1.4) の環境側面 (3.2.2) から生じる、環境 (3.2.1) に対する変化

環境影響には、有害なものと有益なものがあります。有害な環境影響は、たとえば化石燃料の使用による二酸化炭素の発生、有害な物質による大気の汚染、工業排水による河川や海の汚染、プラスチックごみによる環境汚染・海洋汚染など、環境状態を悪くするものが挙げられます。一方、有益な環境影響は、たとえば植樹による二酸化炭素の処理、リサイクルや再利用による資源の消費量削減、品質向上による廃棄物削減、再生可能エネルギーの採用、環境配慮型製品の開発など、環境状態をよくするものが挙げられます。

■ 環境マネジメントシステムの対象とする環境側面

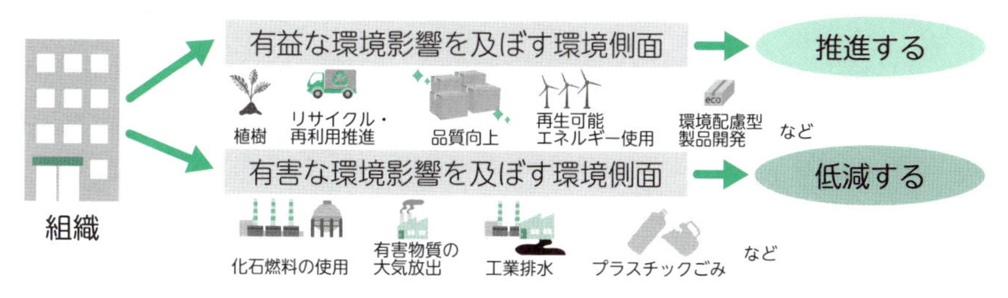

計画に関する用語（目的、目標）

3.2.5　目的、目標 (objective)

達成する結果

注記１　目的（又は目標）は、戦略的、戦術的又は運用的であり得る

注記２　目的（又は目標）は、様々な領域［例えば、財務、安全衛生、環境の到達点（goal）］に関連し得るものであり、様々な階層［例えば、戦略的レベル、組織全体、プロジェクト単位、製品ごと、サービスごと、プロセス（3.3.5）ごと］で適用できる

注記３　目的（又は目標）は、例えば、意図する成果、目的（purpose）、運用基準など、別の形で表現することもできる。また、環境目標（3.2.6）という表現の仕方もある。又は、同じような意味をもつ別の言葉［例 狙い（aim）、到達点（goal）、目標（target）］で表すこともできる

環境マネジメントシステムの“意図した成果”そのものも目的ですが、それらを達成するためにブレークダウンしたものを「目的」「目標」とします。注記にあるように、さまざまな観点から組織全体及び階層において策定し、それぞれの活動計画を立てて環境マネジメントシステムの活動として実施していきます。

3.2.6　環境目標 (environmental objective)

組織（3.1.4）が設定する、環境方針（3.1.3）と整合のとれた目標（3.2.5）

環境側面を改善して環境パフォーマンスを向上するため、または環境マネジメントシステムを改善するために設定します。

■環境マネジメントシステムの目的、目標

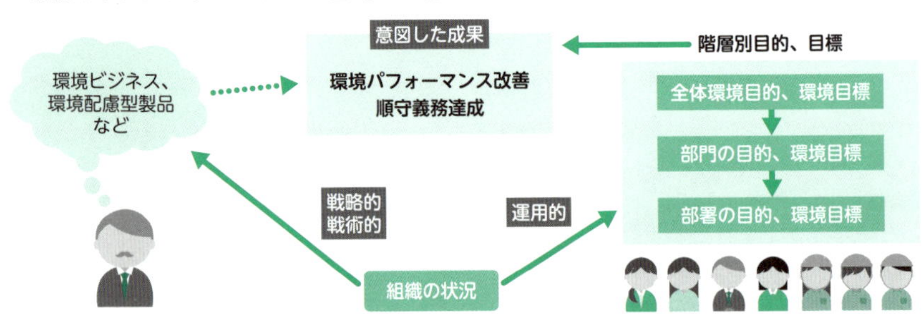

計画に関する用語（環境パフォーマンス）

3.2.7　汚染の予防（prevention of pollution）

有害な環境影響（3.2.4）を低減するために、様々な種類の汚染物質又は廃棄物の発生、排出又は放出を回避、低減又は管理するためのプロセス（3.3.5）、操作、技法、材料、製品、サービス又はエネルギーを（個別に又は組み合わせて）使用すること

注記　汚染の予防には、発生源の低減若しくは排除、プロセス、製品若しくはサービスの変更、資源の効率的な使用、代替材料及び代替エネルギーの利用、再利用、回収、リサイクル、再生又は処理が含まれ得る

環境の汚染は有害な環境影響です。汚染の予防は、環境マネジメントシステムの意図した成果によって達成されるものであり、さまざまな活動により達成することができます。環境マネジメントをする組織は、ISO 14001の要求事項に従って、組織の状況を把握し、その状況に見合った活動を計画し、計画を実施することによって効果的にその目的を達成することができます。

■ 汚染の予防の例

タイプ	汚染源	汚染の予防
発生源の低減	自動車排ガス	低燃費車、ハイブリッド車
発生源の排除	ガソリンエンジン車	電気自動車
プロセス、製品若しくはサービスの変更	プラスチック製品	非プラスチック化
資源の効果的な使用	古着	古着販売
代替材料及び代替エネルギー	火力発電	再生可能エネルギー：水力発電、太陽光発電、風力発電
再利用	ガラス瓶	再利用
回収	廃紙	古紙回収
リサイクル	家電ゴミ	家電リサイクル
再生	PETボトル	再生PET製品
処理	排水、排ガス	排水処理、排ガス処理

計画に関する用語（順守義務）

3.2.8　要求事項（requirement）

明示されている、通常暗黙のうちに了解されている又は義務として要求されている、ニーズ又は期待

要求事項には、法的要求事項とその他の要求事項があり、一般的には、文書化によって明示されています。法的要求事項は、組織にとって通常暗黙のうちに了解されている、または義務として要求されています。その他の要求事項は、組織がそれを順守すると決定したときに順守義務となります。

3.2.9　順守義務（compliance obligation）

組織（3.1.4）が順守しなければならない法的要求事項（3.2.8）、及び組織が順守しなければならない又は順守することを選んだその他の要求事項

法的要求事項は、組織に適用される法律や規制などがあり、これらは強制的に順守を要求しています。また、組織が順守することを選べるその他の要求事項には、組織及び業界の標準、契約関係、行動規範、コミュニティグループまたは非政府組織（NGO）との合意などがあります。

■環境マネジメントシステムの順守義務

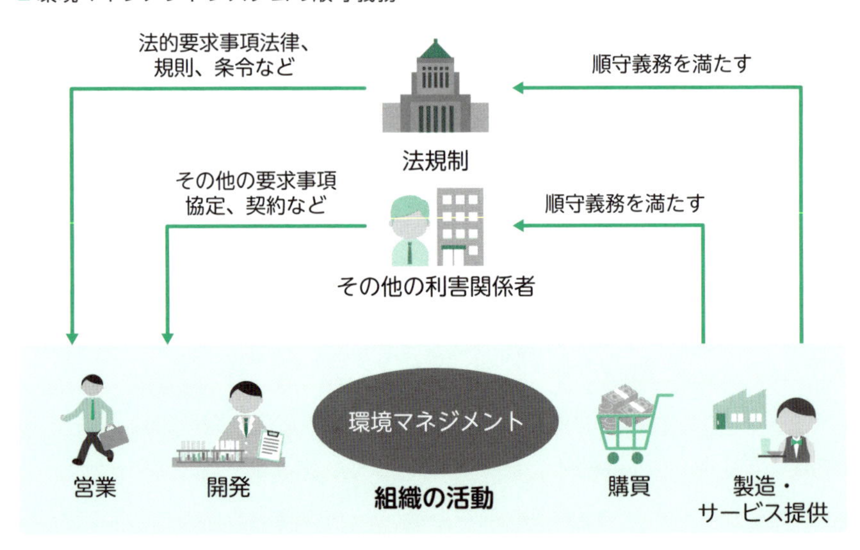

計画に関する用語（取り組む内容）

3.2.10 リスク (risk)

不確かさの影響

注記１ 影響とは、期待されていることから、好ましい方向又は好ましくない方向にかい（乖）離することをいう

注記２ 不確かさとは、事象、その結果又はその起こりやすさに関する、情報、理解又は知識に、たとえ部分的にでも不備がある状態をいう

「リスク」は将来の不確かなことから及ぼされる影響、たとえば事業環境の変化や地球温暖化などの影響であり、好ましい方向ものと好ましくない方向ものがあります。

3.2.11 リスク及び機会 (risks and opportunities)

潜在的で有害な影響（脅威）及び潜在的で有益な影響（機会）

「機会」は定義されていませんが、3.2.11で潜在的で有益な影響（機会）のように有益な影響の期待されることです。

■ リスク及び機会のイメージ

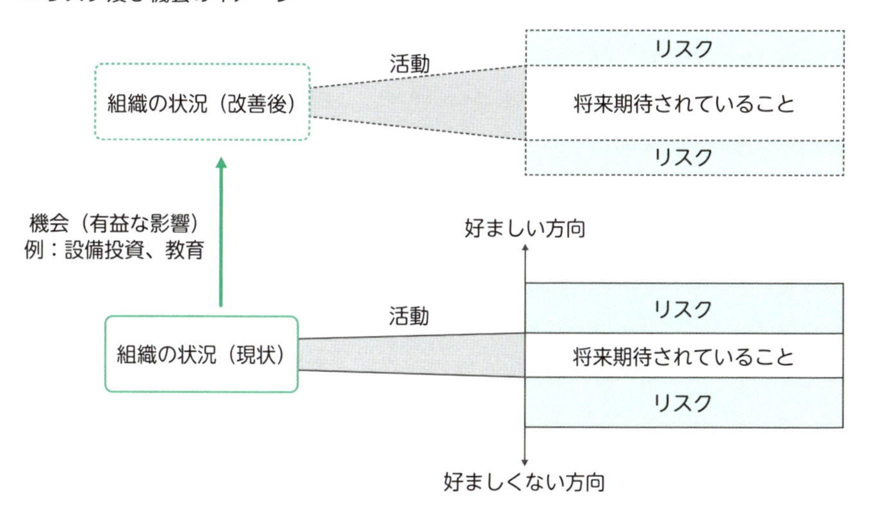

16 3.3 支援及び運用に関する用語

環境マネジメントシステムにおける「7 支援」及び「8 運用」に関する用語です。これらの用語はすべて環境マネジメントシステムで計画した活動を運用する活動に関わっています。

支援に関する用語

3.3.1 力量 (competence)

意図した結果を達成するために、知識及び技能を適用する能力

環境マネジメントシステムを構成する**要員の業務遂行能力**のことを力量といいます。関連する業務に必要とされる力量を明確にし、業務を行う要員に力量をつけるように教育訓練します【関連7.2】。

■ 環境マネジメントシステムに必要な力量の例

業務	必要な力量
環境側面、環境影響の決定	ISO 14001 要求事項の理解、環境側面、環境影響の理解など
環境影響の評価	ISO 14001 要求事項の理解、環境影響評価法の理解、事業プロセスの理解など
順守義務の決定、適用	ISO 14001 要求事項の理解、順守義務の理解、事業プロセスの理解など
環境目標の策定	ISO 14001 要求事項の理解、目標策定能力、事業プロセスの理解など
法定管理者	法定資格認定、業務経験など
内部監査員	監査能力 (計画、実施、是正、報告)、ISO 14001 要求事項の理解、コミュニケーション力など

3.3.2 文書化した情報 (documented information)

組織 (3.1.4) が管理し，維持するよう要求されている情報，及びそれが含まれている媒体

ISO 14001:2015 で従来の文書と記録が「文書化した情報」に統一され、①関連するプロセスを含む環境マネジメントシステム、②組織の運用のために作成

された情報（文書類）、③達成された結果の証拠（記録）があります。規格の本文中では、文書類に相当する文書化した情報は「維持する」ものとされ、記録に相当する文書化した情報は「保持する」ものとされています。

運用に関する用語（運用対象）

3.3.3 ライフサイクル (life cycle)

原材料の取得又は天然資源の産出から、最終処分までを含む、連続的でかつ相互に関連する製品（又はサービス）システムの段階群

注記 ライフサイクルの段階には、原材料の取得、設計、生産、輸送又は配送（提供）、使用、使用後の処理及び最終処分が含まれる。

[JIS Q 14044:2010 の 3.1 を変更。“（又はサービス）”を追加し、文章構成を変更し、かつ、注記を追加している。]

ISO 14001:2015で新しく導入された概念であり、組織が環境側面及び環境影響を決定するときに考慮しなければならない考え方です。組織は、環境側面及び環境影響を決定するとき、組織が直接管理できるものと組織が影響を及ぼせる環境側面（直近の供給者、顧客に関するもの）を挙げますが、ライフサイクルの視点は考慮する範囲をさらに拡大しています【関連6.1.2】。

組織は、ライフサイクルの視点に基づいて環境側面の改善活動を行うことにより、より有効な環境保護活動を行えると期待できます。

■ 製品のライフサイクル

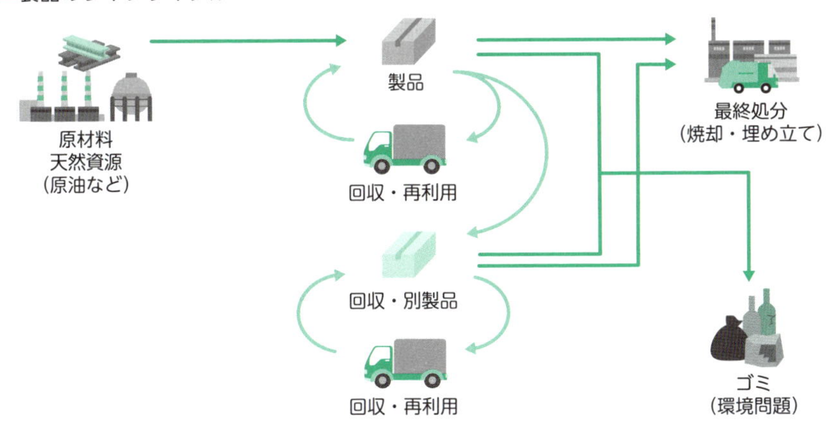

運用に関する用語（適用範囲）

3.3.4　外部委託する（outsource）（動詞）

ある組織（3.1.4）の機能又はプロセス（3.3.5）の一部を外部の組織が実施するという取決めを行う

注記　外部委託した機能又はプロセスはマネジメントシステム（3.1.1）の適用範囲内にあるが、外部の組織はマネジメントシステムの適用範囲の外にある

環境マネジメントシステムは適用する物理的境界を決めてその適用範囲に対して出入りする環境側面やその環境影響を管理しますので、適用範囲内（たとえば工場内）にある外部委託したプロセスの環境側面や環境影響も管理しなければなりません。

外部委託では、組織の決めたやり方で機能またはプロセスを実施します。組織は、外部委託先の環境側面を管理もしくは影響を及ぼさなければなりません。

外部委託先は外部の組織ですが、外部委託したプロセスの環境側面や環境影響に関する管理のしかたや影響を及ぼす方法や程度は、環境マネジメントシステムの中で決めます【関連8.1】。

参考までに、組織本来の事業活動ではない工事や食堂などの場合、業務の請負業者がその活動方法を決めますので、組織は、請負業者の管理する環境側面に影響を及ぼさなければなりません。

■環境マネジメントシステム適用範囲内の外部委託先

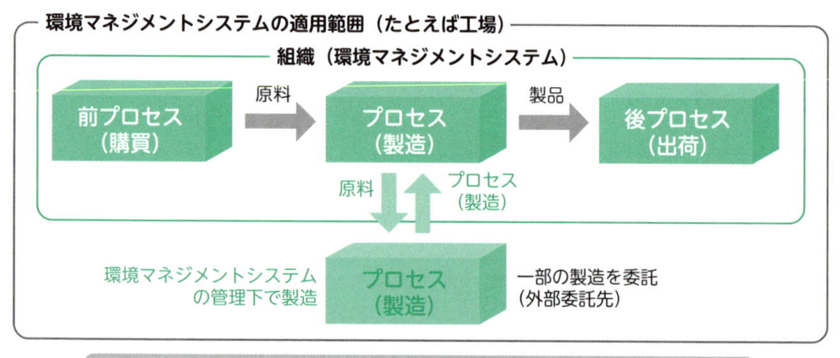

運用に関する用語（プロセス）

3.3.5　プロセス（process）

インプットをアウトプットに変換する、相互に関連する又は相互に作用する一連の活動

注記 プロセスは、文書化することも、しないこともある

ISO 9001による品質マネジメントシステムでは、品質マネジメントの原則としてプロセスアプローチを挙げています。ISO 14001ではそれほど強いプロセスアプローチを要求していませんが、いくつかの箇条で、必要となるプロセスを作成することを要求しています。

プロセスは、定義にあるように**インプットをアウトプットに変える活動**です。たとえば、著しい環境側面を決定するプロセスでは、環境側面に関する情報（内容、使用量など）をインプット（アウトプット）し、評価基準を用いて程度の大きい環境側面（著しい環境側面）を選定します。著しい環境側面は、次のプロセスで環境目標として改善に取り組みます。あるいは環境マネジメントシステムの他の活動（担当者の力量向上、運用管理の徹底など）や他の事業プロセス活動に統合して実施するなどの取り組み方法を検討します。

■ 著しい環境側面を決定するプロセス

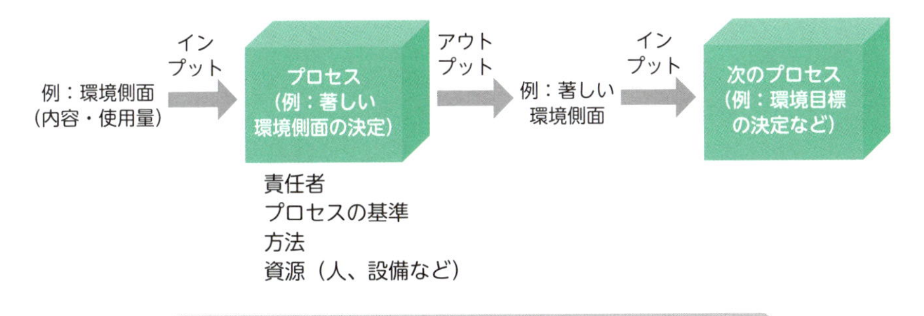

プロセスのアウトプットが、次のプロセスのインプットになり、プロセスがつながっていく

17　3.4 パフォーマンス評価及び改善に関する用語

環境マネジメントシステムにおける「9 パフォーマンス評価」及び「10 改善」に関する用語です。これらの用語はすべて環境マネジメントシステムを組織として運用した結果を評価し、改善する活動に関わっています。

パフォーマンス評価に関する用語

3.4.1　監査 (audit)

監査基準が満たされている程度を判定するために、監査証拠を収集し、それを客観的に評価するための、体系的で、独立し、文書化したプロセス (3.3.5)

監査には、内部監査と外部監査があり、内部監査は組織又は組織の代理人（たとえば、親会社やコンサルタントなど）によって行われます。外部監査は、顧客またはその代理人による第二者監査と、審査機関などによる審査（第三者監査）があります。監査は、環境マネジメントシステム単独で行うほかに、他のマネジメントシステムと組み合せて行うこともあります（複合監査)。

監査の"独立性"は、監査の対象となる活動に関する責任を負っていないことで、または偏り及び利害抵触がないことで、実証することができます。

監査の指針（JIS Q 19011:2019（ISO 19011:2018））による監査の定義では、監査証拠が客観的証拠に改訂されています。"客観的証拠"は、「あるものの存在または事実を裏付けるデータ」と定義され、「監査のための客観的証拠は、一般に、監査基準に関連し、かつ、検証できる、記録、事実の記述又はその他の情報から成る」という説明で"監査証拠"と紐付けられています。

■ 監査

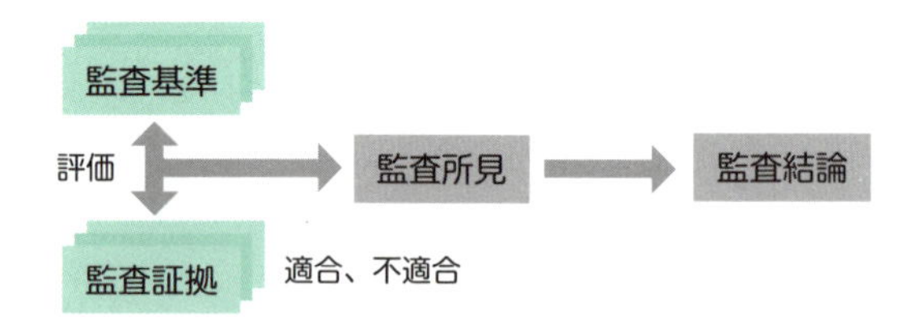

改善に関する用語

3.4.2　適合 (conformity)

要求事項 (3.2.8) を満たしていること

3.4.3　不適合 (nonconformity)

要求事項 (3.2.8) を満たしていないこと

　要求事項は、ISO 14001規格に規定する要求事項、及び組織自らが定める環境マネジメントシステムの要求事項を指します。

3.4.4　是正処置 (corrective action)

不適合 (3.4.3) の原因を除去し、再発を防止するための処置

　不適合に対する改善処置は修正処置と是正処置があります。修正処置は基準に合うように直すだけですので、残された原因によって不適合を再発します。不適合の再発防止には是正処置が必要です。

■ 不適合に対する改善処置

3.4.5　継続的改善 (continual improvement)

パフォーマンス (3.4.10) を向上するために繰り返し行われる活動

注記1　パフォーマンスの向上は、組織 (3.1.4) の環境方針 (3.1.3) と整合して環境パフォーマンス (3.4.11) を向上するために、環境マネジメントシステム (3.1.2) を用いることに関連している

注記2　活動は、必ずしも全ての領域で同時に、又は中断なく行う必要はない

　組織は、パフォーマンス向上の活動を繰り返して行うことが必要であり、必ずしも中断なく連続して行う必要はありません。

■ 継続的改善と連続的改善

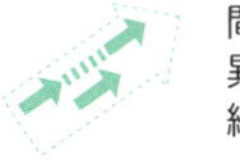

間があいても
異なるテーマでも
継続して行う

連続的改善

パフォーマンス評価に関する用語２

3.4.6　有効性 (effectiveness)

計画した活動を実行し、計画した結果を達成した程度

3.4.7　指標 (indicator)

運用、マネジメント又は条件の状態又は状況の、測定可能な表現。(ISO 14031:2013の3.15参照)

3.4.8　監視 (monitoring)

システム、プロセス (3.3.5) 又は活動の状況を明確にすること

注記　状況を明確にするために、点検、監督又は注意深い観察が必要な場合もある

3.4.9　測定 (measurement)

値を決定するプロセス (3.3.5)

3.4.10　パフォーマンス (performance)

測定可能な結果

注記１ パフォーマンスは、定量的又は定性的な所見のいずれにも関連し得る

注記２ パフォーマンスは、活動、プロセス (3.3.5)、製品 (サービスを含む。)、システム又は組織 (3.1.4) の運営管理に関連し得る

3.4.11　環境パフォーマンス (environmental performance)

環境側面 (3.2.2) のマネジメントに関連するパフォーマンス (3.4.10)

注記　環境マネジメントシステム (3.1.2) では、結果は、組織 (3.1.4) の環境方針 (3.1.3)、環境目標 (3.2.6)、又はその他の基準に対して、指標 (3.4.7) を用いて測定可能である

環境マネジメントシステムのPDCAのCに相当するのがパフォーマンス評価です。計画に対する実施結果の有効性を評価し、改善していくことが継続的改善につながるISOのしくみです。計画段階で、評価をするための指標をあらかじめ定めておきます。環境マネジメントシステムにおける環境目標、順守義務などのさまざまな活動結果を、監視又は測定して環境パフォーマンスの有効性を評価することによって、改善につなげます。

4章

4 組織の状況

「4 組織の状況」では有効な環境マネジメントシステムを運用する上で理解しなければならない「外部・内部の課題」や「利害関係者のニーズ及び期待」などの要求事項が規定されています。箇条4は、「4.1 組織及びその状況の理解」「4.2 利害関係者のニーズ及び期待の理解」「4.3 環境マネジメントシステムの適用範囲の決定」「4.4 環境マネジメントシステム」の4節から構成されています。

18 4.1 組織及びその状況の理解

有効な環境マネジメントを行う第一歩は、組織が自らの状況を正しく理解することです。「4.1 組織及びその状況の理解」では、その1つ目のポイントである“外部・内部の課題”を明確にします。

「4 組織の状況」のポイント

箇条4は、4つの節で構成されています。各節では、組織の状況と利害関係者のニーズ及び期待を十分に理解した上で**環境マネジメントシステムを構築し、運用すること**を求めており、その環境マネジメントシステムではプロセスの概念が導入されています。環境マネジメントシステムを構築する際に、4.1から4.3に従って環境マネジメントをする事業所や製品・サービス、すなわち適用範囲を決定します。適用範囲を決めたら、4.4に従って、必要なプロセス及びそれらの相互作用を含む環境マネジメントシステムを構築していきます。

環境マネジメントシステムにおいて必要なプロセスについては、P.87の図「環境マネジメントシステムのプロセスと相互作用」およびP.88の表「プロセスに関する要求事項」にまとめて述べます。

リスクに基づく予防的活動

上位の共通基本構造（P.17参照）とは、環境マネジメントシステムの活動を有効なものとするために、活動の根拠となる組織の状況を明確にする要求です。環境マネジメントシステムを運用する組織は、組織自らの置かれた状況、すなわち**外部や内部の課題、利害関係者からの要求事項を明確に**した上で、それらが組織の意図した成果の達成や環境マネジメントシステムの継続的改善のための**リスクになると考え、環境マネジメントシステムにおいて必要な取組み（活動）を計画し、実施する**ことで、課題や要求事項に対応する計画を立てます【関連6.1】。

■組織の状況を明確にしてリスクを予防する活動

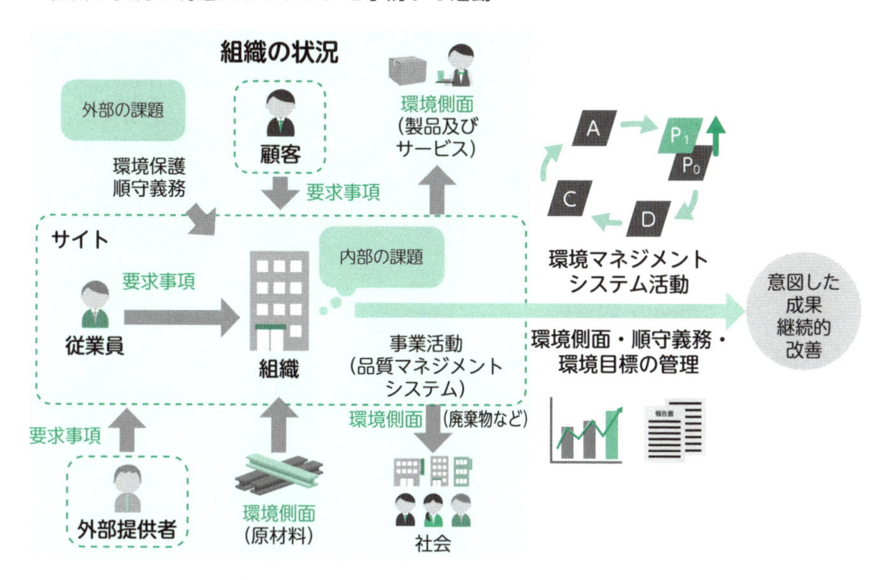

4.1 組織及びその状況の理解

環境マネジメントシステムを運用する目的は、組織の意図した成果を達成し、環境マネジメントシステムを継続的に改善することにあります。**組織の抱える外部・内部の課題（現状）を正しく把握**し、これらの課題に対して適切な取組み、すなわち、現状に見合った改善活動もしくは維持活動を行うことが、有効な環境マネジメント活動につながります。

外部の課題とは、組織から影響を受ける環境状態、並びに管理の及ばないマネジメントシステム外部で発生し、組織の環境活動に影響してくる環境状態といった双方向のものです。すなわち、廃棄物・排水・排ガスによる環境汚染、地球温暖化の加速、プラスチックごみ問題、地球温暖化による大雨・大雪・猛暑および物流遮断やエネルギー使用量増加、環境法規制の強化、環境に優しい製品・サービスの需要増加などが例示されます。内部の課題には、純粋な組織内部の課題と外部の課題に対応しようとして見えてくる課題があります。厳密な区別は難しいですが、たとえば純粋な内部の課題には、人手不足や設備の老朽化、組織のロケーションなどがあり、外部の課題への対応で見えてくる課題には、人材育成や技術ノウハウの整備、コストダウン、外部環境変化への備えなどがあります。

■ 外部・内部の課題の例

外部の課題

廃棄物・排水・排ガスによる環境汚染

内部の課題

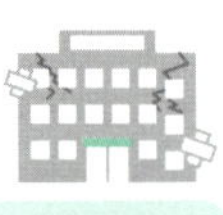

外部・内部の課題の監視及びレビュー

また、外部及び内部の課題は、常に変化するものなので、環境マネジメントシステムの活動を有効なものとするには、それらの**変化に応じて活動を見直し、最新のものとして維持していく**必要があります。環境マネジメントシステムを運用する中で、組織内の関連する機能、すなわち総務、営業、設計開発、購買、製造・サービス提供などがこれらの課題に関する情報を常に監視し、課題に変化があった場合にはその変化を会議や報告書でトップマネジメントをはじめとする組織に報告することによってレビューします。これらの報告・レビューは、定期的に行うか随時行うように決めておきます【関連9.3】。

まとめ

- **外部・内部の課題を明確にし、適切に取り組むことが重要**
- **リスクへの予防的な活動のPDCAが環境マネジメント**
- **外部・内部の課題は常に変化する。変化に応じて活動を見直す**

19 4.2 利害関係者のニーズ及び期待の理解

2つ目のポイントは、組織が“利害関係者のニーズ及び期待”を理解することです。顧客のみならず法規制当局などの利害関係者には誰がいるかを明らかにして、彼らからの明示的・潜在的な要求事項を明確にし、順守義務となるものを決めます。

利害関係者のニーズ及び期待とは

4.2においては、組織は以下の3点について決めなければなりません。

a) 環境マネジメントシステムに関連する利害関係者
b) それらの利害関係者の、関連するニーズ及び期待（すなわち、要求事項）
c) それらのニーズ及び期待のうち、組織の順守義務となるもの

4.1の組織の課題と並んで、**組織の環境マネジメントシステムに関連する利害関係者は誰なのか、また、それらの利害関係者からどのような要求事項があり、そのうち組織の順守義務となるものは何か、を決めておくことが必要**であり、有効な環境マネジメント活動につながります。4.2のタイトルにある“ニーズ及び期待”には利害関係者が直接要求していないことも含みます。4.2b）はそこで4.1a）の利害関係者からの明示的なものに限らず、潜在的なものを含む“要求事項”を決めなければなりません。

環境マネジメントシステムは、環境保護を目的としていますので、環境保護を意識する顧客は重要な利害関係者であり、顧客の要求事項は重要な要求事項になります。また、組織の製品及びサービスの提供に欠かせない原材料・部品などの提供者、法規制による要求をしてくる規制当局、製品及びサービス提供に関連する従業員なども利害関係者です。組織は、顧客からの要求事項だけでなく、これらの利害関係者からの要求事項を理解して、そのうち順守義務となるものを決めた上で環境マネジメントシステムの活動を行う必要があります。

■ 利害関係者のニーズ及び期待の例

利害関係者のニーズ及び期待の監視及びレビュー

　また4.2では、明示的に要求していませんが、4.1の組織の課題と同様に、利害関係者も要求事項も常に変化するものなので、組織の関連する機能がこれらに関する情報を監視し、**情報の変化を会議や報告書でトップマネジメントをはじめとする組織に報告することによってレビュー**します。これらの報告・レビューは、定期的または随時行うように決めておきます【関連9.3】。

まとめ

- 組織の環境マネジメントの利害関係者は誰なのかを決める
- 利害関係者の要求事項のうち、順守義務となるものを決める
- 利害関係者からの要求事項の変化は報告・レビューする

20 4.3 環境マネジメントシステムの適用範囲の決定

4.1と4.2を受けて、組織は環境マネジメントシステムの適用範囲を決定します。適用範囲では、対象となる物理的境界や製品及びサービスなどを明確にし、適用範囲の中にあるすべての活動、製品及びサービスを含める必要があります。

どの範囲内で適用するかを決定する

4.3では、「組織は、環境マネジメントシステムの適用範囲を定めるために、その**境界及び適用可能性を決定**しなければならない」と要求しています。組織は、適用範囲が組織全体なのかその一部なのか、組織の物理的な境界（サイト）や組織上の境界（単位や機能）を設定し、システムの適用可能性を決めます。

適用範囲を決定する際に考慮すること

また、4.3では、その適用範囲を決定するときに、以下の5つについても考慮するように求めています。

a) 4.1に規定する外部及び内部の課題
b) 4.2に規定する順守義務
c) 組織の単位、機能及び物理的境界
d) 組織の活動、製品及びサービス
e) 管理し影響を及ぼす、組織の権限及び能力

環境マネジメントシステムは、顧客に製品及びサービスを提供する業務プロセスを取り巻く環境を保護するためのシステムですので、a) b) で明確にした組織の状況に加えて、マネジメントする組織の単位、機能及び物理的境界、提供する製品及びサービスの、サプライチェーンを含む組織周辺に管理し影響を及ぼす権限及び能力を考慮して適用範囲を決定する必要があります。

適用範囲の中のすべての活動、製品及びサービスをマネジメントする

環境マネジメントシステムは、**組織の単位、機能及び物理的境界を決定**して取り巻く環境をマネジメントします。適用範囲の中で行われる組織の活動、組織に入ってくる製品及びサービス、組織が提供する製品及びサービス、活動の結果生じる廃棄物・排水・排ガスのすべてが対象となります。事業である製品及びサービスを提供する活動に加えて、総務、安全、福利厚生を含めた組織が行うすべての活動が対象となります。

なお、環境マネジメントシステムの**適用範囲は文書化した情報として利用可能な状態にして、維持する**必要があります。文書には対象となる組織の単位、機能及び物理的境界を明確に記載し、利害関係者が必要とするときに入手できるようにしておきます。

■ 適用範囲の決定

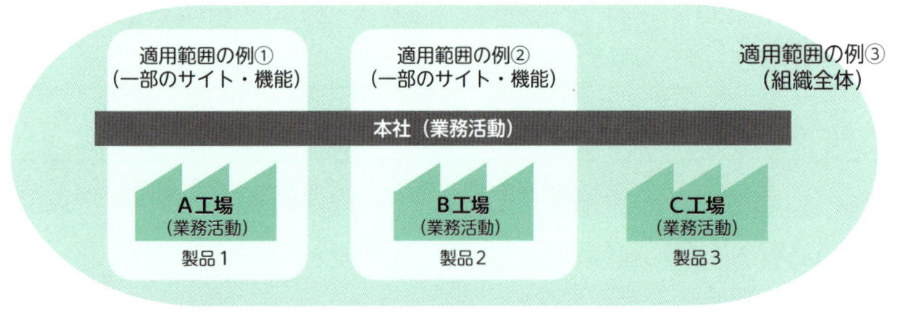

組織の状況に応じて環境マネジメントを適用する範囲（組織の単位、機能及び物理的境界）を決定する。適用範囲内にある組織の活動・商品・サービスはすべて対象となる

まとめ

- **適用範囲（組織の単位・機能・物理的境界）を定め文書化する**
- **4.1の課題、4.2の要求事項、組織の単位・機能・物理的境界、活動・製品・サービス、権限・能力を考慮する**
- **適用範囲内の組織の活動・製品・サービスはすべて対象となる**

21 4.4 環境マネジメントシステム

決定した適用範囲に対して、必要なプロセスを含む環境マネジメントシステムを確立、実施、維持、継続的改善をしなければなりません。また、確立し維持するときに組織の課題や順守義務を考慮する必要があります。

環境マネジメントシステムとプロセス

4.4では、「要求事項に従って、(中略) 環境マネジメントシステムを確立し、実施し、維持し、かつ継続的に改善しなければならない」と規定しています。つまり、ISO 14001に従って環境マネジメントシステムを確立し、それを運用(実施) する中で、**運用の結果、組織の状況の変化などを評価して環境マネジメントシステムを見直し、継続的に改善していくことが必要**です。環境マネジメントシステムは一度確立することが目的ではなく、むしろ**確立してから運用しながら維持改善**していくことが目的です。環境パフォーマンスが向上し、環境マネジメントシステムが継続的に改善されていることが、システムの有効性の証です。システムには規格要求事項に従って必要なプロセス及びそれらの相互作用を含めます。

■ 環境マネジメントシステムのプロセスと相互作用

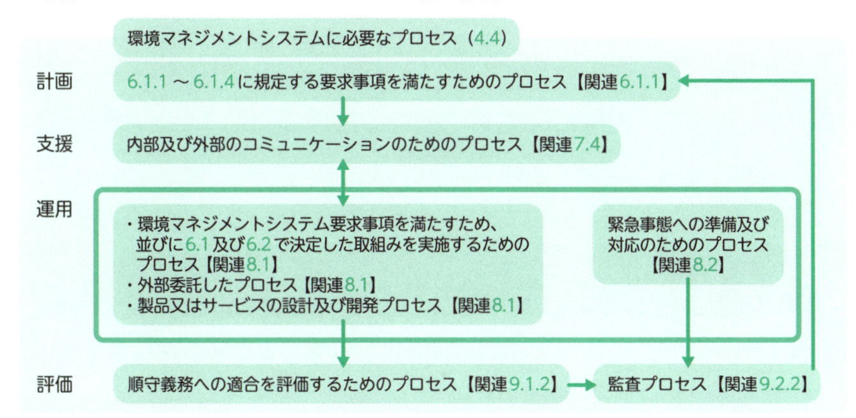

環境マネジメントシステムで要求されるプロセス

環境マネジメントシステムで要求されているプロセスは、環境を保護するために"環境側面"、"順守義務"を含めて取り組むことを決める**計画のプロセス**、"順守義務"を満たすことを含めた**情報伝達のプロセス**、**運用のプロセス**、**緊急事態のプロセス**、**評価するプロセス**、**監査するプロセス**があります。

■ プロセスに関する要求事項

箇条	プロセスに関する要求事項	対象
4.4	環境パフォーマンスの向上を含む意図した成果を達成するため、組織は、この規格の要求事項に従って、必要なプロセス及びそれらの相互作用を含む、環境マネジメントシステムを確立し、実施し、維持し、かつ、継続的に改善しなければならない	全体
6.1.1	組織は、6.1.1～6.1.4に規定する要求事項を満たすために必要なプロセスを確立し、実施し、維持しなければならない	計画
6.1.1	組織は、次に関する文書化した情報を維持しなければならない。 －取り組む必要があるリスク及び機会 －6.1.1～6.1.4で必要なプロセスが計画どおりに実施されるという確信を持つために必要な程度の、それらのプロセス	計画
7.4.1	組織は、次の事項を含む、環境マネジメントシステムに関連する内部及び外部のコミュニケーションに必要なプロセスを確立し、実施し、維持しなければならない	情報伝達
7.4.2	b) コミュニケーションプロセスが、組織の管理下で働く人々の継続的改善への寄与を可能にすることを確実にする	情報伝達
8.1	組織は、次に示す事項の実施によって、環境マネジメントシステム要求事項を満たすため、並びに6.1及び6.2で特定した取組みを実施するために必要なプロセスを確立し、実施し、管理し、かつ、維持しなければならない	運用
8.1	組織は、外部委託したプロセスが管理されている又は影響を及ぼされていることを確実にしなければならない。これらのプロセスに適用される、管理する又は影響を及ぼす方式及び程度は、環境マネジメントシステムの中で定めなければならない	運用
8.1	a) 必要に応じて、ライフサイクルの各段階を考慮して、製品又はサービスの設計及び開発プロセスにおいて、環境上の要求事項が取り組まれていることを確実にするために、管理を確立する	運用
8.2	組織は、6.1.1で特定した潜在的な緊急事態への準備及び対応のために必要なプロセスを確立し、実施し、維持しなければならない	緊急事態
9.1.2	組織は、順守義務を満たしていることを評価するために必要なプロセスを確立し、実施し、維持しなければならない	評価
9.2.2	b) 監査プロセスの客観性及び公平性を確保するために、監査員を選定し、監査を実施する	監査

まとめ

▶ **環境マネジメントシステムは確立後、運用しながら維持改善する**

5 リーダーシップ

トップマネジメントには、環境マネジメントシステムに関するリーダーシップ及びコミットメントの実証が具体的に要求されています。トップマネジメントのリーダーシップは、「5.1 リーダーシップ及びコミットメント」「5.2 環境方針」「5.3 組織の役割、責任及び権限」の3節から構成されています。

22 5.1 リーダーシップ及びコミットメント

トップマネジメントが果たすべき役割について、具体的に要求しています。トップマネジメントは、要求事項に従って環境マネジメントに対してリーダーシップをとり、コミットメントを実証しなければなりません。

リーダーシップの重要性

トップマネジメントは組織の最高位の管理者です。環境マネジメントシステムを成功に導くかどうかは、**トップマネジメントの強い思いとそれを組織に展開するリーダーシップにかかっている**といっても過言ではありません。

ISO 14001規格では、その重要性を明確にするため、リーダーシップに関する要求を強調しています。そのことが環境マネジメントシステムのPDCAの図に明確に示されており、箇条5のリーダーシップが環境マネジメントシステムPDCAの中心に位置づけられていて、PDCA活動のすべてに関与するように表現されています（P.20参照）。

■ リーダーシップ及びコミットメントの実証

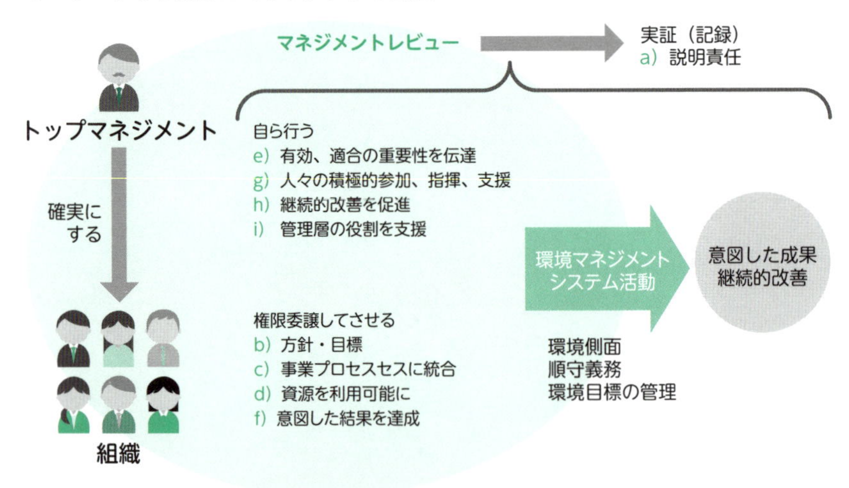

トップマネジメントの役割

5.1は、環境マネジメントシステムを成功に導くためのトップマネジメントの役割と発揮すべきリーダーシップについて、P.17のMSS共通テキストにしたがって総括的に要求しています。

トップマネジメントは、組織を導いていくために**方針・目標を定め、組織の役割を決めて責任・権限を組織内に分担する**ことによって環境マネジメントシステムを運用するための体制を整えなければなりません。

リーダーシップ及びコミットメントの実証

トップマネジメントは、環境マネジメントシステムに関する**リーダーシップ及びコミットメントを実証することが要求**されています。コミットメントとは「責任を伴う強い約束」という意味です。トップマネジメントがリーダーシップ及びコミットメントを発揮できる場は、環境方針、環境目標などの計画策定、月度報告などの組織内の各種コミュニケーション及び監視・測定結果の分析・評価、マネジメントレビューなどです。「実証する」とは、証拠を示して証明するという意味ですので、トップマネジメントは、上記の各場面におけるインプット情報やそれらに対して出した指示内容などを**記録した議事録を証拠として示して説明する**ことによって、規格の要求を満たすことができます。

トップマネジメントが実証するリーダーシップ及びコミットメントは、トップマネジメントが自ら行うことと、トップマネジメントを含めて権限委譲された組織に行わせることに分かれます。a)〜i) で列挙されている項目のうち、文中で「確実にする」と表現されている項目が後者になります。

トップマネジメントが行うこと

5.1のa) e) g) h) i) の項目は、トップマネジメントが自ら行わなければなりません。

■5.1で要求しているトップマネジメントが行うこと

a) 環境マネジメントシステムの説明責任	審査機関によるトップインタビューなど環境マネジメントシステムの有効性について説明を求められる場合、トップマネジメントに説明責任があります。対象となる期間のインプット情報やそれらに対する指示内容などを記録した議事録などを用いて説明しなければなりません
e) 適合の重要性を伝達する	環境方針による伝達も1つの方法ですが、コミュニケーションの場などを通じて常に伝達しなければなりません
g) 人々を積極的に参加させ、指揮し、支援する	環境マネジメントの活動は、一部の人々だけで行うのではなく、組織の人々が全員参加で行うことが重要です。そうなるようにリーダーシップを発揮する必要があります
h) 継続的改善を促進する	環境マネジメントシステムの目的は継続的な改善です。トップマネジメントは改善に向けて強いリーダーシップとコミットメントが必要となります
i) 管理層の役割を支援する	環境マネジメントシステムは組織的な活動ですので、役割を与えられた管理層がその責任範囲内で役割を果たせるように支援しなければなりません。支援には、管理体制の見直し、業務内容の調整、提案された改善の機会に対する決裁などがあります

環境マネジメントシステムに行わせる（確実にする）こと

トップマネジメントは、5.1のb) c) d) f) を権限委譲された組織に行わせて確実にしなければなりません。

■5.1で要求している権限委譲された組織に行わせること

b) 環境方針・環境目標を確立する	トップマネジメント及び必要に応じて役割と責任・権限を与えられた管理層は、組織の状況や戦略に適した環境方針を確立しなければなりません。環境方針については「5.2 環境方針」に、より詳しい要求事項があります。組織に改善のための環境目標を確立させます。その目標は、組織の状況や戦略に対して適切なものであるようにさせます

c) **環境マネジメントシステム要求事項を事業プロセスへ統合する**	環境目標などの環境マネジメントシステムの活動内容が本来の事業活動（事業プロセス）と異なるところで行われていると、環境マネジメントシステムの活動結果は事業活動の改善に貢献しません。環境マネジメントシステムの要求事項を本来の事業プロセスで行う（すなわち統合する）ことにより、環境マネジメントシステムの活動結果が事業プロセスの改善につながるようにします
d) **必要な資源を利用可能にする**	トップマネジメント及び役割と責任・権限を与えられた管理層が、それぞれ与えられた責任・権限の中で活動に必要な資源【関連7.1】を利用できるようにさせます
f) **意図した結果を達成する**	トップマネジメント及び役割と責任・権限を与えられた管理層が、それぞれ与えられた責任・権限の中で意図した結果を達成するようにさせます

■ 事業プロセスへの統合

事業活動

環境マネジメントシステム活動

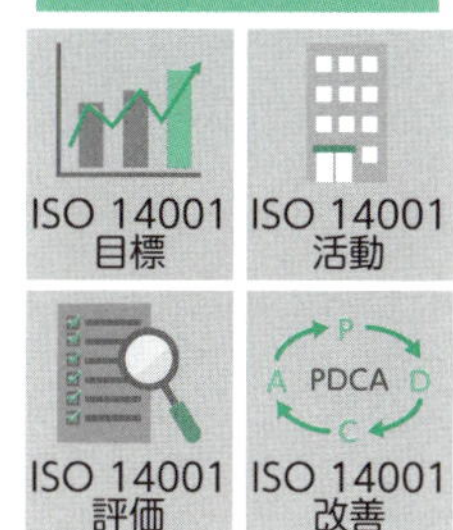

環境マネジメントシステム活動が事業活動と別々にあると効率が悪い

統合

事業活動

事業活動で環境マネジメントシステムの要求を満たす

まとめ

- **トップマネジメントに要求される役割を具体的に理解する**
- **自ら行う、またはトップ自らを含めて権限委譲された組織に確実に実行させる**
- **リーダーシップとコミットメントの実証（記録）を要求される**

23 5.2 環境方針

トップマネジメントは、組織をまとめ環境マネジメントシステムを導くために方針を策定します。ISO 14001規格は、環境方針の内容に関する要求と、確立された環境方針の伝達に関する要求をしています。

環境方針を確立する

環境方針は、**組織を動かし環境マネジメントシステムを導くもの**として、環境マネジメントシステムで重要な役割を担っています。近年、インターネットなどを通じてさまざまな組織の環境方針を参考にすることができますが、環境方針は、第一に組織の目的や状況に適切で、組織の目指す方向と一致したものでなければなりません。策定にあたっては次の5点を満たす必要があります。

a) **組織の目的、並びに組織の活動、製品及びサービスの性質、規模及び環境影響を含む組織の状況に対して適切である**
b) **環境目標の設定のための枠組みを示す**：すなわちヒントとなるようなものを与える
c) **環境保護に対するコミットメントを含む**：汚染の予防、持続可能な資源利用、気候変動の緩和・適応、生態系の保護など
d) **組織の順守義務を満たすことへのコミットメントを含む**
e) **環境パフォーマンスを向上させるための環境マネジメントシステムの継続的改善へのコミットメントを含む**

■環境方針

環境方針を運用する

環境方針は、環境マネジメントに対するトップマネジメントの想いを組織に伝える大切な手段です。その伝達のために、以下の3点を満たさなければなりません。

- **文書化した情報として維持する**:内容をときどき見直して維持する
- **組織内に伝達する**:組織の目標策定などの活動に適用するように組織に伝える
- **利害関係者が入手可能である**:要求されたときなど必要に応じて、利害関係者が入手できるようにしておく

トップマネジメントは、自らの想いを環境方針に込め、文書化して組織内に適切に伝達して、理解され、適用されることによって、リーダーシップを1つ実証することができます。

■ 環境方針の伝達

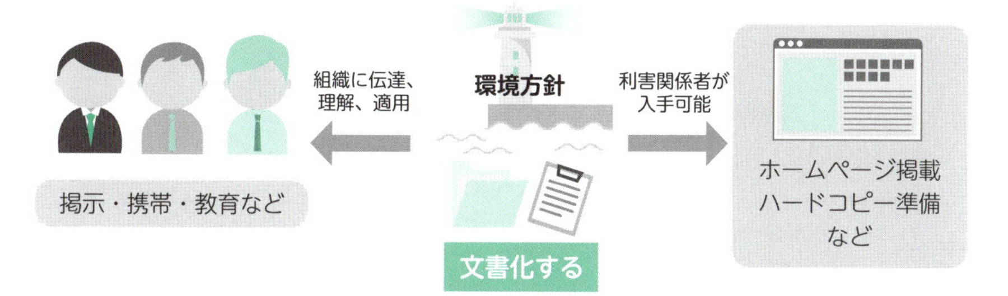

まとめ

- 環境方針は環境マネジメントシステムを導く重要な役割を担う
- 環境方針は文書化した情報として維持し、組織に適切に伝達する
- 利害関係者が環境方針を入手できるようにしておく

24 5.3 組織の役割、責任及び権限

トップマネジメントは、組織の役割分担を決め、役割に応じた責任と権限を持たせることによって、環境マネジメントシステムを組織的に運用する体制を構築します。

役割と責任をトップマネジメントが与える

トップマネジメントは、必要に応じて環境マネジメントシステムの管理に責任をもつ「管理責任者」、マネジメントシステムの運用を担う「環境会議」、事業プロセスを担う「○○部門」や「○○課」などに**役割と責任・権限を与えて運用体制を構築**します。役割と責任を明確にする方法として、組織図、役割分担

■役割と責任の例

社長
環境マネジメントシステムの承認、環境方針・環境目標、組織体制、資源の提供、マネジメントレビュー、順守評価など

管理責任者
環境マネジメントシステムの運用管理、教育訓練の統括、内部監査の実施、マネジメントレビューへのインプットなど

環境会議
プロセス運用、環境目標に関するコミュニケーション、環境課題の審議・検討、不適合・苦情・クレーム対応のレビュー、順守評価など

○○部門
プロセスの運用、環境目標の達成、資源管理、教育訓練、マネジメントレビューへのインプット、順守義務など

○○課
プロセスの運用、環境目標の達成、資源管理、教育訓練、マネジメントレビュー（部門レビュー）へのインプット、順守義務など

表、規定類（職務分掌規定など）、マトリクス表があります。

また、ISO 14001は、特定の役割と責任について要求をしていますので、この節の後半（P.98）で述べます。

 組織図

役割と責任を明確にする手段の1つが組織図です。トップマネジメントを含む環境マネジメントシステムの機能と階層を視覚的に表したもので、組織内に伝達して理解されるためには優れた方法です。環境マネジメントシステムを組織の一部で実施する場合にも、組織図を用いて組織全体のどの部分が対象となるのかをわかりやすく表現することができます。環境マネジメントにおける内部コミュニケーションの多くは組織図で表される職制を通じて行われます。組織図に環境マネジメントに関する業務内容を記載することによって簡便に組織の役割を規定することもできます。

■ 環境マネジメントシステムの組織図の例

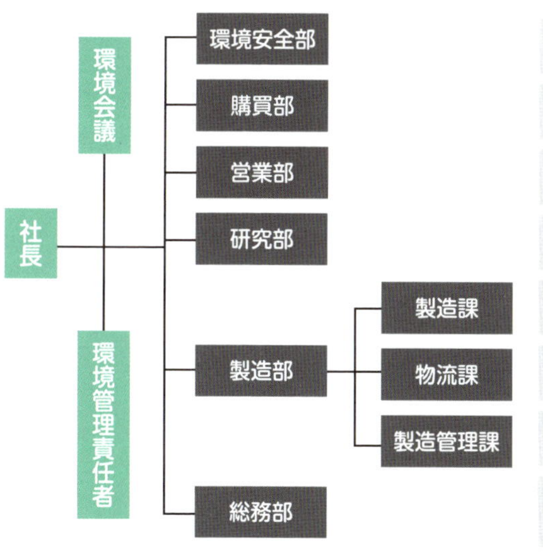

マトリクス表

マトリクス表は、**組織内の各機能（部署、プロセス）とISO 14001要求事項の関係を表したもの**です。主管部署と関連部署のような関係の程度を記号で明確にすることによって、環境マネジメントシステムにおける要求事項の役割分担やその程度を表すことができます。環境マネジメントシステムでは、廃棄物削減や省エネルギーなどの特定の環境活動をテーマとした委員会などを設定して運用プロセスを規定することもあります。マトリクス表は、監査計画を立てるときの重要な参考資料となるので、環境マネジメントシステムでは必須の文書です。

特定の役割と責任

以下の特定の役割と責任について、トップマネジメントが担当者を割り当てることが必要です。

a) **環境マネジメントシステムが、この規格の要求事項に適合することを確実にする**
b) **環境パフォーマンスを含む環境マネジメントシステムのパフォーマンスをトップマネジメントに報告する**

これらの“特定の”役割は、環境マネジメントシステムの管理業務のことであり、組織の状況に応じて役割分担してよいことになりました（P.100上のCOLUMN参照）。これらの役割分担には、マトリクス表のところで述べた特定の環境活動をテーマとした委員会などを設定して役割分担をすることも含まれます。

■組織、プロセス及び規格要求事項との関係（マトリクス表）の例

プロセス及びトップマネジメント、環境管理責任者（ISO事務局を含む） 部署／ISO 14001規格要求項目 （◎主管、○関連）	経営プロセス	営業・受注	設計開発	購買・外注管理	製造・サービス	環境マネジメントシステム管理
社長	◎					
管理責任者（ISO事務局を含む）	◎					◎
営業部		◎				
開発部			◎			
製造部				◎	◎	
総務部				◎		◎
4.1 組織及びその状況の理解	◎	○	○	○	○	○
4.2 利害関係者のニーズ及び期待の理解	◎	○	○	○	○	○
4.3 環境マネジメントシステムの適用範囲の決定	◎					
4.4 環境マネジメントシステム	◎					◎
5.1 リーダーシップ及びコミットメント	◎					
5.2 環境方針	◎	○	○	○	○	○
5.3 組織の役割、責任及び権限	◎	○	○	○	○	○
6.1.1 リスク及び機会への取組み　一般	○	○	○	○	○	◎
6.1.2 環境側面		◎	◎	◎	◎	◎
6.1.3 順守義務		◎	◎	◎	◎	◎
6.1.4 取組みの計画策定		◎	◎	◎	◎	◎
6.2 環境目標及びそれを達成するための計画策定	○	◎	◎	◎	◎	◎
7.1 資源	◎	◎	◎	◎	◎	○
7.2 力量		◎	◎	◎	◎	○
7.3 認識		◎	◎	◎	◎	○
7.4.1 コミュニケーション　一般	○	○	○	○	○	◎
7.4.2 内部コミュニケーション	○	○	○	○	○	◎
7.4.3 外部コミュニケーション	○	○	○	◎	○	◎
7.5 文書化した情報	○	◎	◎	◎	◎	◎
8.1 運用の計画及び管理	○	◎	◎	◎	◎	○
8.2 緊急事態への準備及び対応	○	◎	◎	◎	◎	◎
9.1 監視、測定、分析及び評価	○	○	○	○	○	◎
9.1.2 順守評価	◎	◎	◎	◎	◎	◎
9.2 内部監査	○	○	○	○	○	◎
9.3 マネジメントレビュー	◎	○	○	○	○	○
10.1 改善　一般	◎	○	○	○	○	○
10.2 不適合及び是正処置	◎	◎	◎	◎	◎	◎
10.3 継続的改善	◎	◎	◎	◎	◎	◎

環境マネジメントシステムの管理責任者

5.3で述べているa) b) の特定の役割と責任は、旧ISO 14001規格では「管理責任者」を任命して割り当てるという要求でしたが、「管理責任者」を任命する要求がなくなり、単にこれらの役割と責任を誰かに割り当てなさいという要求になりました。トップマネジメントは、組織の状況に応じて従来通り「管理責任者」を任命しても構いませんし、「管理責任者」を任命しないで職制上の各機能の代表者に責任及び権限を割り当てても構いません。環境マネジメントシステムの要求事項を事業プロセスに統合するという要求もある中で、組織の状況に応じた適切な組織体制づくりをトップマネジメントに委ねられた形になりました。

まとめ

- 環境マネジメントシステムの機能と階層を表したのが組織図
- 機能や要求事項との関係を表すのが役割分担表とマトリクス表
- 特定の役割と責任の割当では管理責任者を任命しなくてもよい

「5 リーダーシップ」の監査のポイント

①環境マネジメントシステムの有効性について説明を求め、環境マネジメントシステムの運用結果に基づいた有効性に関する説明内容及び追加の質疑応答より、トップマネジメントのリーダーシップ及びコミットメントの実証を確認します。
②環境マネジメントシステムの有効性、すなわち環境目標などの環境パフォーマンスが継続して改善されていること、順守義務を満たすこと、不適合の再発防止のための適切な是正処置がとられていることなどについてどのようにリーダーシップを発揮しているかを評価します。

6 計画

環境マネジメントシステムの活動内容の全体を決定するのが「6 計画」です。環境マネジメントシステムの活動成果を上げるため、それぞれの組織に応じて適切な計画を立てることが必須となります。箇条6は、「6.1 リスク及び機会への取組み」「6.2 環境目標及びそれを達成するための計画策定」の2節から構成されています。

25 6.1.1 リスク及び機会への取組み――一般

計画は、環境マネジメントシステムの意図した成果の達成に影響する“リスク”、または大きな効果を期待できる“機会”に取り組むことを決定することです。取り組めることには限りがありますので、優先順位の高いものに取り組みます。

「6 計画」のポイント

箇条6は環境マネジメントシステムの計画です。6.1では、4.1と4.2で明確にした組織内外の課題や利害関係者の要求事項などの組織の状況に加えて、6.1.2で決定した著しい環境側面、及び6.1.3で決定した順守義務に対して、**環境マネジメントシステムが意図した成果を達成するための適切な取組み、取組み方法、有効性の評価方法を決定**します（6.1.4）。取組みとは、環境目標などの改善活動や、環境マネジメントシステムの中で行う維持活動などです。技術上の選択肢、並びに財務上、運用上及び事業上の要求事項を考慮して計画します。6.2の環境目標は、環境方針を具体的な改善活動や維持活動として展開するにあたっての目標です。組織の適切な機能（設計開発、製造など）や階層（部、課など）、プロセスにおいて策定します。また、著しい環境影響が発生することが想定される緊急事態を決定し、8.2で運用方法を計画します。

影響の大きいリスクや効果の大きい機会に取り組む

「**リスク**」とは、事業リスク、市場リスク、参入リスクなどのように、「将来起こるかもしれない影響のこと」ですので、多くは好ましくないことに用いられます。また、「**機会**」とはISOの用語で定義されていませんが、市場参入の機会、設備投資の機会、教育訓練の機会などのように、「取り組むのに適した状況・時期であること」を意味しています。

組織には、その状況に基づく多くのリスクと機会が潜んでいますが、限りある活動の中で効果を上げるには、6.1.1でその内の**優先度の高いもの、すなわち、**

影響の大きいリスクや効果の大きい機会を優先して取り組む計画を立てます。

■ リスク及び機会への取組みを計画する

背景

組織の状況を考慮して

①組織の課題【関連 4.1】　②利害関係者の要求事項【関連 4.2】
③適用範囲【関連 4.3】

目的

活動の目的（何のために）

・環境マネジメントシステムが、その意図した成果を達成できるという確信を与える
・外部の環境状態が組織に影響を与える可能性を含め、望ましくない影響を防止又は低減する
・継続的改善を達成する

6.1.1　環境マネジメントシステムの活動内容を決定する
（活動内容＝取り組む必要があるリスク及び機会）

内容

・環境側面（6.1.2）
・順守義務（6.1.3）
・その他の課題及び要求事項【関連 4.1、4.2】

6.1.4　取組みの計画を策定する

・取り組む内容（環境側面、順守義務、それ以外のリスク及び機会）
・取り組む方法（プロセスへの統合、有効性評価）

リスク及び機会への取組みに必要なプロセスを確立する

6.1.1 は計画策定のプロセスを要求しています。組織は、6.1.1～6.1.4 で規定されるリスク及び機会への取組みを計画するために必要なプロセスを確立し、実施し、維持しなければなりません（次ページでより詳しく述べます）。

また、組織は次の事項を文書化して維持する必要があります。

- **取り組む必要があるリスク及び機会**
- **6.1.1 ～ 6.1.4 で必要なプロセスが計画どおりに実施されるという確信を持つために必要な程度の、それらのプロセス**

取り組む必要がある環境側面に関連するリスク及び機会の決定

組織は環境マネジメントシステムの意図した成果の1つとして、**環境パフォーマンスを向上する**ことが求められています。そのためには計画段階で、組織の適用範囲について環境側面を決定し、あらかじめ定めた評価基準によってそれらの環境影響を評価し、環境影響の大きい環境側面を"著しい環境側面"として選定し、選定された著しい環境側面についてその著しさを低減するための活動を計画します【関連6.1.2】。

■ 環境側面に関連する計画のプロセス

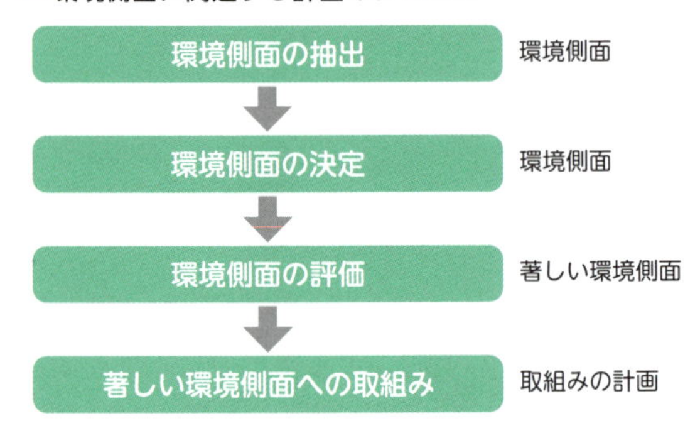

取り組む必要がある順守義務に関連するリスク及び機会の決定

組織は環境マネジメントシステムの意図した成果の1つとして、**順守義務を満たす**必要があります。そのためには計画段階で、組織の環境側面に関する順守義務を決定し、その最新情報を入手（参照）し、組織にどのように適用するかを決定し、考慮に入れて実施（計画と運用）します【関連6.1.3】。

■ 順守義務に関連する計画のプロセス

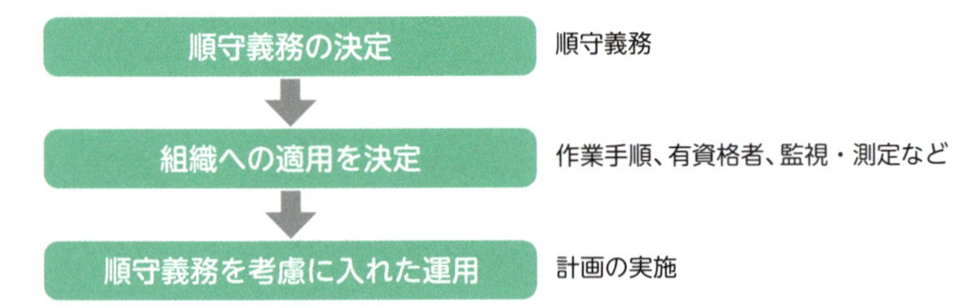

潜在的な緊急事態を決定する

組織は、環境マネジメントシステムの適用範囲の中で、環境影響を与える可能性のあるものを含めて**潜在的な緊急事態を決定**しなければなりません。

環境影響を与える緊急事態としては、下の図に示すようなさまざまな事態が想定されるでしょう。計画段階では、どのような緊急事態が想定されるかを決定することが要求されています。組織はこれらの緊急事態の発生に備えて対応を準備する必要があるので、運用の8.2の要求に従って行います。

ISO 14001は、**"環境に影響を与えない緊急事態"も含まなければならない**としています。それには組織固有の状況によってさまざまあり得ると思われますが、たとえば、環境パフォーマンスの報告内容や公開内容に誤りがあり、社会的信用が失墜するなどが考えられます。

■ 潜在的な緊急事態の例

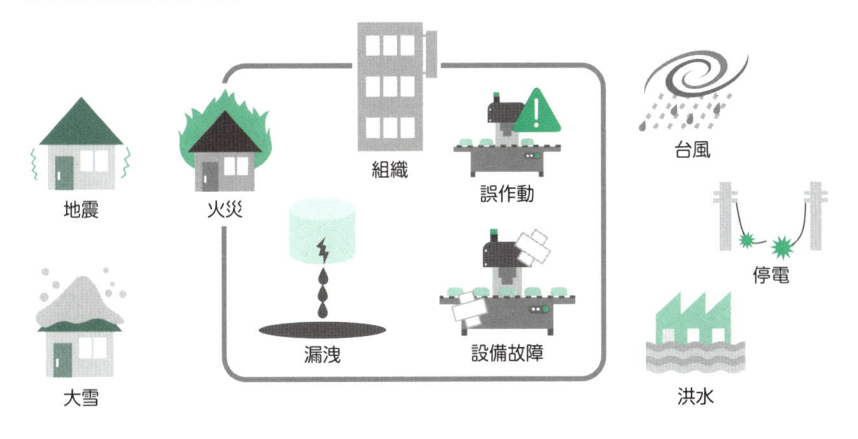

まとめ

- 計画を策定するためのプロセスを確立、実施、維持する
- 計画の対象は環境側面、順守義務、リスク及び機会、緊急事態
- 取り組むリスク及び機会、並びに計画プロセスを文書化する

26 6.1.2 環境側面 ①環境側面、環境影響

環境を保護する活動を行うために、組織は環境上の管理すべき項目（環境側面）を決定し、環境側面がどの程度環境に影響を及ぼしているのかを決定することによって現状を把握します。

環境側面の決定

環境保護の活動を行うために、組織は、環境マネジメントシステムの適用範囲の中で、現状の環境側面と環境影響を決定する必要があります。

「環境側面」とは、3.2.2では「環境と相互に作用する、又は相互に作用する可能性のある、組織の活動・製品・サービスの要素」と定義されており、“組織の**事業活動において、環境に影響を与えるもの／こと”のすべて**を指します。組織の適用範囲について下の図に示すように、入ってくる原材料やエネルギー、出ていく製品はすべて環境側面です。さらに、適用範囲内の活動に伴う排ガス、騒音、悪臭、振動や排水、土壌汚染、廃棄物も環境側面になります。また、貯蔵されている燃料用の重油や倉庫に貯蔵されている製品も、災害や事故などの緊急事態における著しい環境側面になり得るので抽出しておきます。

■ 組織の環境側面のイメージ

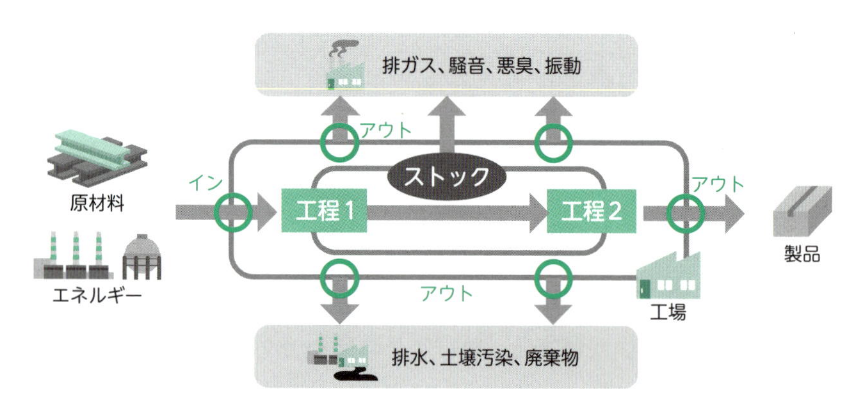

環境側面を決定するとき、組織は、次の事項を考慮に入れなければなりません。

a) **変更。これには、計画した又は新規の開発、並びに新規の又は変更された活動、製品及びサービスを含む**
b) **非通常の状況及び合理的に予見できる緊急事態**

環境側面は、通常時の活動について決定すれば十分というわけではありません。さまざまな**「変更」や、非通常の状況、合理的に予見できる緊急事態**については、通常時よりも環境影響が大きく、著しくなることが多いので、これらの事項を考慮に入れて管理することが求められています。

管理できる環境側面と影響を及ぼすことができる環境側面

環境側面には、組織が管理できる環境側面と、組織が影響を及ぼせる環境側面があります。組織から発生する環境影響は、組織が管理できます。環境影響が組織から発生しているものを**管理できる環境側面**といいます。

一方、外部委託先や顧客など組織の外部で発生している環境影響は、組織が直接管理できませんが、場合によっては間接的に影響を及ぼすことができます。組織の外部で発生する環境影響に組織が間接的に何らかの関与ができるものを、**影響を及ぼすことができる環境側面**といいます。

組織は、管理できる環境側面と影響を及ぼせる環境側面の両方について環境影響を決定する必要があります。

■ 管理できる環境側面と影響を及ぼせる環境側面

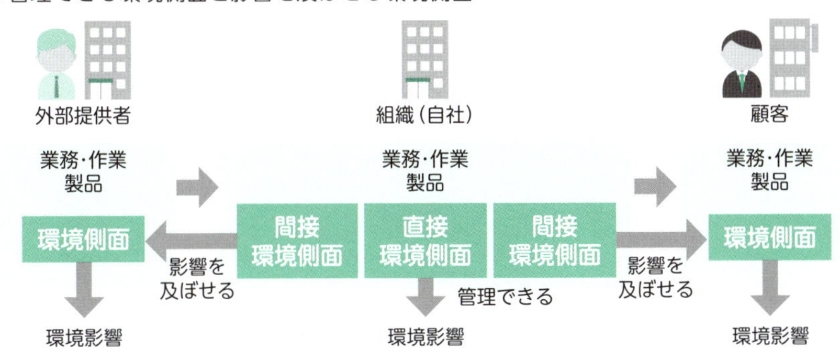

環境側面の抽出

適用範囲内にある環境側面を抽出するには、さまざまな切り口で考えることによって漏れをなくすことができます。

その切り口として、組織は、次の事項を考慮することができます。

- **大気への排出**
- **水への排出**
- **土地への排出**
- **原材料及び天然資源の使用**
- **エネルギーの使用**
- **排出エネルギー（たとえば熱、放射、振動（騒音）、光）**
- **廃棄物及び副産物の発生**
- **空間の使用（物理的な大きさ、形など）**

また、環境影響の発生頻度についても分けて検討します。

- **通常時：定常作業**
- **非通常時：立上げ、停止、故障時など**
- **緊急時：通常では起こらない緊急事態**

環境影響の発生の仕方による区分

イン：外部から入ってくるもの

アウト：外部に出ていくもの

ストック：サイト内に貯留してあるもの

これらを考慮して組織の機能やプロセスについて環境側面を抽出します。

環境影響

環境影響とは文字どおり組織から環境に対する影響を表します。左ページの切り口について抽出された環境側面がどのような環境影響を及ぼすのかを定性的に紐付けて評価していきます。

次のステップで、それぞれの環境側面について**発生数量に関するデータを収集**し、そのデータを含めて環境影響の大きさを評価します。

■ 環境影響の評価

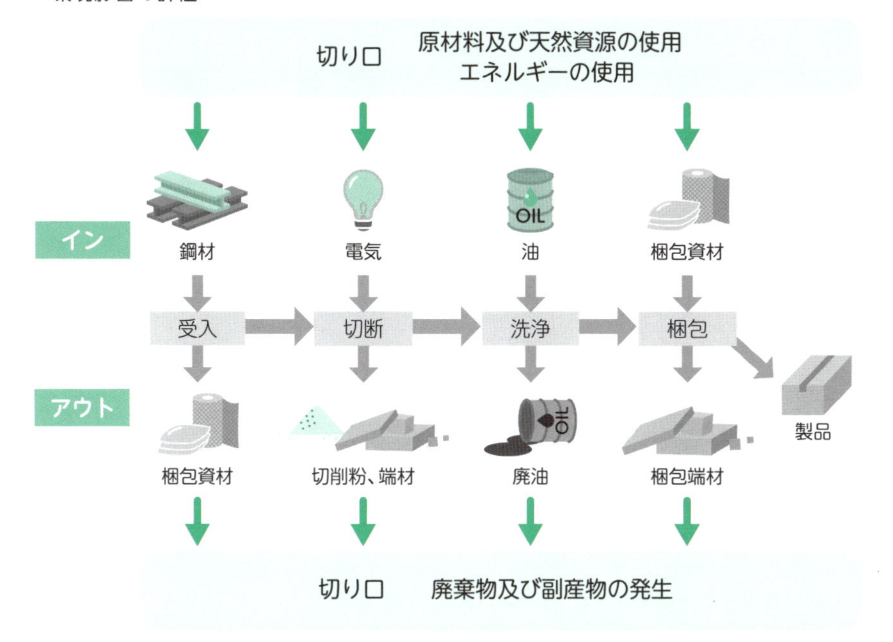

まとめ

- 適用範囲における環境側面とその環境影響を調査し決定する
- 環境側面は、"管理できる"と"影響を及ぼせる"両方を抽出する
- 環境影響は環境側面に紐付けてデータを集め、大きさを評価する

27 6.1.2 環境側面 ②ライフサイクルの視点、著しい環境側面

環境影響は、組織だけについて考えるのではなく、製品のライフサイクル全体について改善を考えます。環境側面について大きな環境影響を及ぼす環境側面を決定し、著しい環境側面として改善活動を行います。

ライフサイクルの視点を考慮

環境保護を目的として、たとえば省エネ型の環境にやさしい製品を選択するとき、使用者は省エネルギーを達成することができます。しかし、その製品が製造工程で大きな環境影響を生み出しているとすれば、**ライフサイクル全体を通して環境にやさしい製品であるかどうか**を評価しなければなりません。アルミ缶はリサイクル性に優れていますが、アルミニウムの製造工程で多くの電力を使用します。PETボトルもリサイクルをするしくみがありますが、化石燃料から作られています。これらの素材は私たちの生活を豊かなものにしてくれますので、回収してリサイクルする技術の向上やしくみを構築して実施していくことが、環境影響を低減する上で非常に重要な位置付けになっています。

環境側面や環境影響を決定するときに、ライフサイクルの視点を考慮することが求められます。

■影響を及ぼすことのできる環境側面の延長上で考える

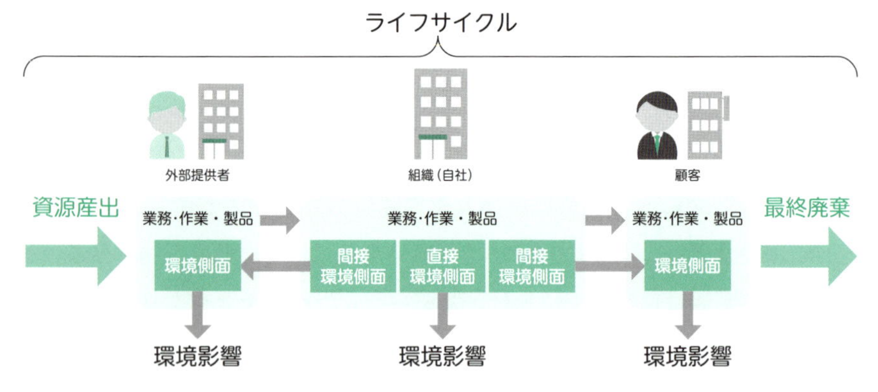

ライフサイクルの視点を考慮した環境側面の例

組織がライフサイクルの視点を考慮した活動ができるのは、多くの場合はサプライチェーンの直前の供給者に対して、あるいは直後の運送会社や顧客に対してです。これらの供給者や顧客などに対しては、たとえば下の表に示すような活動があります。適用範囲内の環境側面を直接管理するとともに、サプライチェーンの直前直後の供給者や顧客の環境側面に影響を及ぼし、さらにはライフサイクルの視点を考慮したさまざまな要求や情報提供を行わなければなりません。

■ ライフサイクルの視点を考慮した環境側面の抽出例

部門	環境側面	ライフサイクル内での影響の行使先
設計開発部門	環境配慮製品の設計開発 ・省エネルギー化 ・軽量化　・長寿命化 ・リサイクル材／部品の使用 ・部品／部材のリサイクル可能化 ・有害化学物質の排除 ・低騒音／振動化　など	顧客／使用者、外部提供者、流通、廃棄、資源 （製品の内容によって異なる）
調達部門	グリーン調達	外部提供者、顧客／使用者、廃棄 （調達品の内容によって異なる）
	容器、パレットの通い箱化	流通、外部提供者
	効率購買（原材料のまとめ発注など）	外部提供者、流通
営業部門	環境配慮製品の販売拡大	顧客／使用者、外部提供者、流通、廃棄、資源（製品の内容によって異なる）
物流部門	物流業務の合理化 ・共同配送 ・帰り荷の確保	流通
	モーダルシフト（鉄道・海運の積極利用）	流通
	顧客／使用者からの再生資源の回収	顧客／使用者、（廃棄）
	製品の使用及び使用後の処理における注意事項の情報提供（安全データシートなど）	顧客／使用者、廃棄
外注管理部門	生産性向上、不良率低減等の作業の指導	外部提供者／外部委託

環境影響の程度を評価する

決定した環境側面について、改善に取り組むための優先順位を付けるために、設定した基準を用いて、著しい環境影響を与える、または与える可能性のある側面（すなわち、著しい環境側面）を決定します。

著しい環境影響の大きさの評価方法はさまざまですが、一般的に環境影響の**発生のしやすさ**と発生したときの**結果の重大性**を点数区分で評価して、

環境影響の著しさ　＝　発生のしやすさ　×　結果の重大性

によって点数評価します（点数区分や計算方法にはさまざまあります）。

■ 環境影響評価表の例

No.	環境側面	イン・アウト・ストック	通常・非通常・緊急	量（程度）（年間量）	(A) 環境影響 有害：○、有益◎									(B) リスク評価			(C) 著しい環境側面
					地球温暖化	オゾン層破壊	熱帯雨林の減少	資源枯渇	大気汚染	水質汚染	土壌汚染	廃棄物増加	地域環境問題	①発生の可能性・頻度	②影響の大きさ	③評価＝①×②	
1	電力	イン	通常	493,584kwh	○			○						3	2	6	●
2	事務用品消耗品	イン	通常	1,180万円			○	○						3	1	3	
3	書類・伝票	アウト	通常	910kg								○		3	1	3	
4	コピー用紙	イン	通常	1,742kg			○							3	1	3	
5	グリーン購入	イン	通常	4%			◎	◎				◎		-	-	-	●
6	水道水	イン	通常	5,535m^3				○						3	1	3	

点数区分：発生の可能性・頻度　3：大　2：中　1：小
影響の大きさ　3：大　2：中　1：小
環境影響の著しさ　9及び6：大（低減活動をする）
4及び3：中（低減要否を検討する）
2及び1：小（状況を監視する）

著しい環境側面の決定、伝達、改善に取り組む

環境影響評価の結果、点数の高い環境側面を**“著しい環境側面”**と位置付けます。さらに著しさを改善するための活動を計画し、実行することによって環

境マネジメントシステムの意図した成果の1つである環境パフォーマンスを向上することができます【関連6.1.4】。

組織は必要に応じて関連する機能または階層に対して、著しい環境側面を伝達し、環境影響を低減するために必要な取組みを行います。一般的には、組織全体で著しい環境側面を決定します。該当する機能（部門：横の区分）や階層（職制：縦の区分）にそれを伝達して、各機能・各階層で改善活動に取り組みます。

環境側面の文書化

環境側面に関して、次の項目を文書化して維持しなければなりません。

- **環境側面及びそれに伴う環境影響**
- **著しい環境側面を決定するために用いた基準**
- **著しい環境側面**

■ 環境側面の文書化

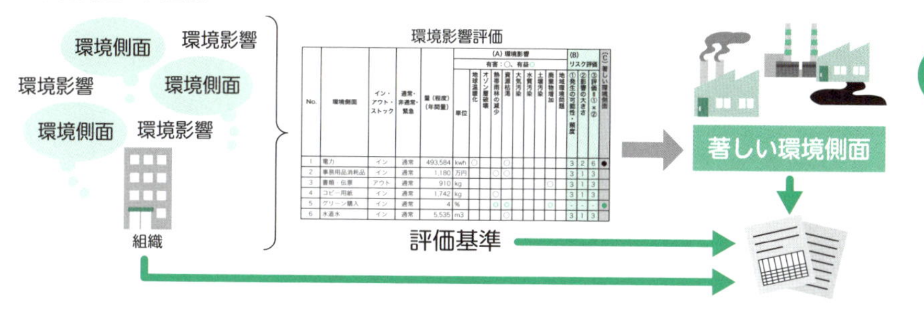

No.	環境側面	イン・アウト・ストック	通常・非通常・緊急	量（程度）（年間量）	単位	(A) 環境影響 有害：○、有益○ 地球温暖化	オゾン層破壊	熱帯雨林の減少	資源枯渇	大気汚染	水質汚染	土壌汚染	廃棄物増加	地域環境問題	(B) リスク評価 ①発生の可能性・頻度	②影響の大きさ	③評価＝①×②	(C) 著しい環境側面
1	電力	イン	通常	493,584	kwh	○			○						3	2	6	●
2	事務用品消耗品	イン	通常	1,180	万円			○	○						3	1	3	
3	書籍・伝票	アウト	通常	910	kg								○		3	1	3	
4	コピー用紙	イン	通常	1,742	kg			○							3	1	3	
5	グリーン購入	イン	通常	4	%			○	○				○		-	-	-	●
6	水道水	イン	通常	5,535	m3				○						3	1	3	

まとめ

- 環境側面を評価するときにはライフサイクルの視点を考慮する
- 発生のしやすさ×結果の重大性で、著しい環境側面を決定する
- 環境側面と環境影響、評価基準、著しい環境側面を文書化し維持

28 6.1.3 順守義務

環境マネジメントシステムの意図した成果の第2の柱が環境側面に関する順守義務を満たすことです。順守義務とは、法的要求事項と組織が同意したその他の要求事項になります。

環境側面に関する順守義務を決定する

組織は、組織の環境側面に関する順守義務を決定しなければなりません。順守義務には、用語の定義にあるように**「法的要求事項」**と**「組織が順守しなければならない又は順守することを選んだその他の要求事項」**の２種類があります【関連3.2.9】。

前者については、適用範囲に含まれる事業活動を営むサイト（事業所）のある国の法的要求事項を順守することはもちろんのこと、製品及びサービスを提供する国の法的要求事項も組織は順守しなければなりません。日本の環境に関する法的要求事項は、環境基本法の下で多くの個別法からなる法体系となっています。また、海外においても欧州の規制など多くの法的要求事項が存在しています。これらの詳細は11章で紹介します。

後者については、組織標準、業界標準、顧客をはじめとする利害関係者との契約、行動規範、地域社会との協定、非政府組織（NGO）との合意などがあります。

■ 組織の順守義務

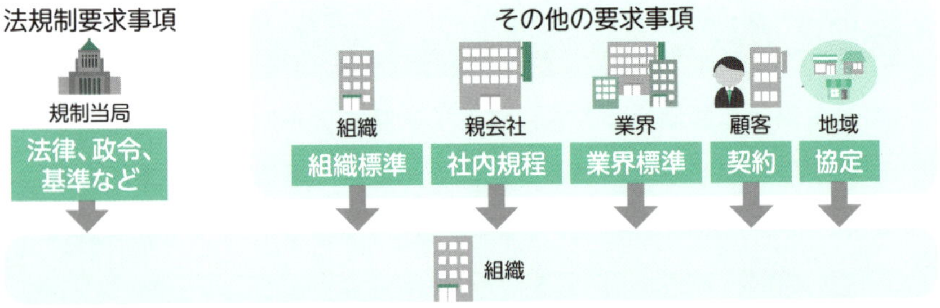

順守義務の参照先を決定する

組織は、環境側面に関するこれらの順守義務に関する改正情報・改訂情報の入手・問合せ（参照）先を明らかにしておかなければなりません。

法的要求事項について、最近は、インターネットの発達により、誰でも容易に検索することができるようになりました。よく利用される機関を紹介します。

環境関連の法令を調べる

e-Gov 電子政府の総合窓口の「法令検索」ページ（https://elaws.e-gov.go.jp）の「詳細検索」で「環境保全」を選択すると、環境関連法が確認できます（2024年3月現在、304件）。

監督省庁を調べる

環境省の「環境基準・法令等」のページ（http://www.env.go.jp/law/index.html）、及び各自治体のホームページなどで確認します。

最新の改正情報、過去の改正情報を調べる

産業環境管理協会の「環境関連法改正情報」ページ（http://www.e-jemai.jp/jemai_club/act_amendment/）では環境関連法の改正情報を分野別に月単位で得ることができます。改正の詳しい内容は、会員登録をして見ることができます。

■ 順守義務の参照先

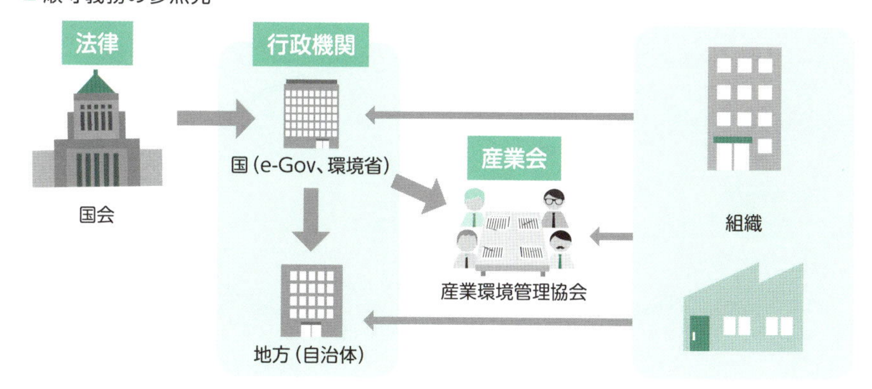

順守義務を組織に適用する

組織の環境側面に関する順守義務を決定したら、これらの順守義務を組織にどのように適用するかを決定します。このプロセスは右ページの例に示すような一覧表を用いるとよいでしょう。たとえば法的要求事項であれば、**法律の名称、該当する要求内容**を記載し、該当する組織内の設備や活動手順を対応するように記載します【関連8.1】。法律には詳細な規制値などを政令などに定めていることがありますので、その**規制値（運用基準）**も記載します。内容が最新状態であることを確認できるように、該当欄に**法令の日付**を記載します。この一覧表に、**順守評価の結果**を記載してもよいでしょう【関連9.1.1、9.1.2】。

環境マネジメントシステムで運用管理する

順守義務は環境マネジメントシステムの意図した成果の1つであり、組織が順守しなければならない義務です。法規制の中には順守違反に対する罰則のあるものもあります。組織は、確立した順守義務を考慮に入れて、計画を確実に実施し、維持し、改善しなければなりません【関連8.1、9.1、箇条10】。法律をはじめ順守義務は、改正・改訂されることがありますので、組織に対するリスク及び機会をもたらし得ます。順守義務の改正・改訂の情報を適切に入手し、計画を改訂し、維持し、継続的に改善しなければなりません。

■ 順守義務に関するPDCAを回す

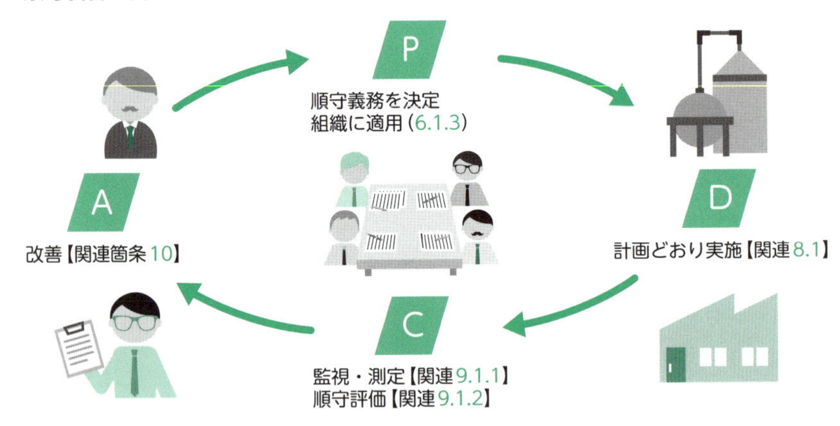

■ 順守義務一覧表の例

【環境法規制等一覧表】（兼順守評価リスト）

適用現場：本社、倉庫、資材置場、産廃保管所、各部署
（部署名：　　　　　　　　　　　　　　　　　　　　　　）

作成・更新日	承認	確認日	承認
○○年○月○日 作成			

環境法規制等の名称／略称	規制内容			該当	順守義務への取組み内容、計画		順守確認	
	届出、作業等	適用範囲	適用条件		手続き・順守事項	結果・記録等	現場	環管責
廃棄物処理・リサイクル								
<同意するその他の要求事項>								
大気汚染								
<同意するその他の要求事項>								
騒音・振動								
水質汚濁（排水）								
土壌汚染								
<同意するその他の要求事項>								
その他関連法令								
<同意するその他の要求事項>								
建設業の環境自主行動計画第7版 ※	環境経営	環境経営の充実・環境配慮型設計の促進	日建連会員（総合建設会社）	−				
	脱炭素社会	施工段階並びに設計・運用段階における温暖化対策	日建連会員（総合建設会社）	−				
	循環型社会	建設副産物対策（建設リサイクル推進計画2020など）	日建連会員（総合建設会社）	−				
	自然共生社会	生物多様性の保全および持続可能な利用	日建連会員（総合建設会社）	−				

※日建連発表　https://www.nikkenren.com/kankyou/pdf/indep_plan_7_web.pdf

まとめ

- 法的要求事項、その他の要求事項から組織の順守義務を決定する
- 一覧表で順守事項を管理するなど、順守義務を組織に適用する
- 改正・改訂に注意して、順守義務の計画を継続的に改善する

29　6.1.4 取組みの計画策定

6.1.1～6.1.3で取り上げてきたリスク及び機会、環境側面、順守義務について、どのように取り組むのか、また、取り組んだことの有効性を評価する方法も含めて計画することを規定しています。

環境マネジメントシステムの取組みの計画策定

組織はマネジメントシステム規格に共通の、組織の状況から取り組む必要のあるリスク及び機会【関連6.1.1】に加えて、環境マネジメントシステム固有の著しい環境側面【関連6.1.2】、順守義務【関連6.1.3】について、具体的にa) どの項目に、b) どのように取り組むのかを計画します（P.124表参照）。

a) 次の事項への取組み
1) 著しい環境側面
2) 順守義務
3) 6.1.1で特定したリスク及び機会
b) 次の事項を行う方法
1) その取組みの環境マネジメントシステムプロセス（6.2、箇条7、箇条8及び9.1参照）又は他の事業プロセスへの統合及び実施
2) その取組みの有効性の評価（9.1参照）
これらの取組みを計画するとき、組織は、技術上の選択肢、財務上、運用上及び事業上の要求事項を考慮しなければならない

a) 1) は6.1.2に基づいて、a) 2) は6.1.3に基づいて取組みを具体的に決定します。a) 3) の例としては、教育訓練による人材育成【関連7.2】、環境活動に取り組むことによる組織（ブランド）のイメージアップなどが挙げられます。

■ 計画を立てるときの考慮事項

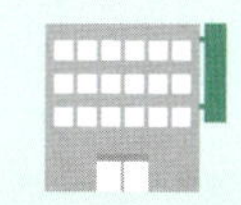
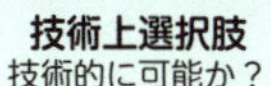
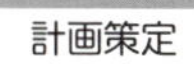

プロセスへの統合方法と有効性の評価方法

b）1）は、その取組みを環境マネジメントプロセスまたは他の事業プロセスに統合して実施するように求めています。組織にとって運用が効率的になるため、環境、社会、経済のバランスをとる上で重視されます。これは、マネジメントシステム規格の共通化において示された方向性です。

b）2）の、取り組んだことへの有効性評価は、ISO 14001:2015で随所に見られる要求であり、組織が確実にPDCAを回せるようにしています。

■ プロセスへの統合と有効性評価で実用性を上げる

まとめ

- 著しい環境側面、順守義務、その他のリスク及び機会に取り組む
- 取組みはシステムのプロセスや他の事業プロセスに統合し実施
- 取り組んだことに対する有効性の評価方法を計画しておく

30 6.2.1 環境目標

環境目標は、現状よりやや高いレベルを目指す改善目標だと改善につながります。組織の状況に応じて、適宜、適切な改善目標を設定することにより、継続的改善を達成することができます。

環境目標を確立するときに考慮するもの、考慮に入れるもの

環境マネジメントシステムにおける「意図した成果」とは、環境パフォーマンスの向上、順守義務を満たす、環境目標の達成の３点です。組織は環境目標を確立するときに、**著しい環境側面、順守義務を考慮に入れ、リスク及び機会を考慮**しなければなりません。“考慮に入れる”は“考慮する”よりも重い内容であり、考慮に入れた結果に反映されるべきものです【関連6.1.4】。

■ 環境目標の設定、実施計画の策定

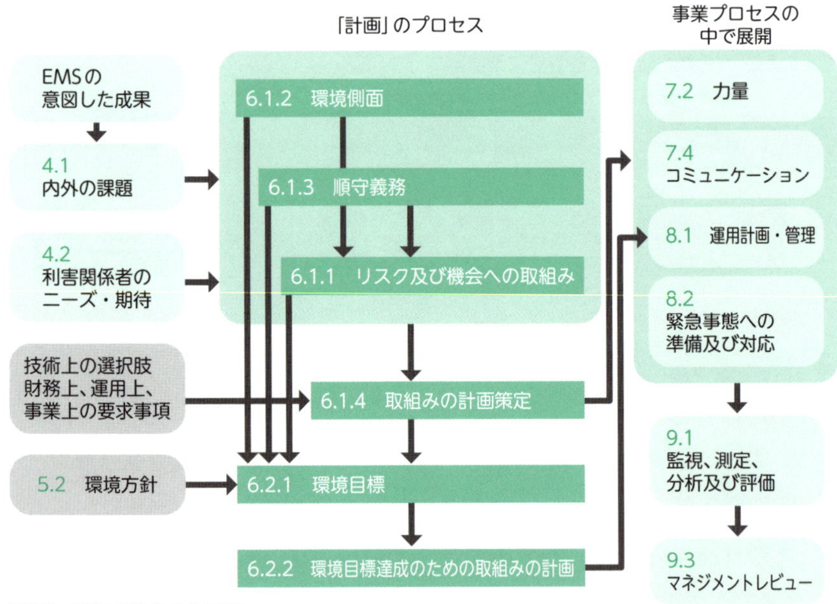

※EMS…環境マネジメントシステム

適切な環境目標を掲げる

環境目標は「環境に関する達成すべき成果」であり、積極的な改善目標であったり、消極的な維持目標であったりします。環境マネジメントシステムを改善していくためには、**組織の状況に応じて適切な改善につながる環境目標を立てることが重要**です。

規格では必要な関連する機能、階層及びプロセスにおいて環境目標を確立することを求めています。**組織で必要な機能（営業、製造など）、階層（部、課など）及びプロセスで適切な環境目標を策定することが、有効な成果を達成できるかどうかのポイント**となります。たとえば、8.1b）1）で要求されているプロセスの基準を現状レベルより若干高めに設定して環境目標にすることによって、プロセスの改善につながります。

環境目標は、6.2.1で定める次の項目を満たさなければなりません。

a) **環境方針と整合している**【関連5.2】
b) **（実行可能な場合）測定可能である：**量で表すことができるということ
c) **監視する**
d) **伝達する**
e) **必要に応じて、更新する**

環境目標は**文書化した情報として維持**します。量で表し、監視し、関係者に伝達し、必要（状況の変化）に応じて更新することが必要です。

まとめ

- **著しい環境側面と順守義務を考慮に入れ、リスク及び機会を考慮**
- **機能・階層・プロセスで適切な環境目標を立てることが重要**
- **目標は測定可能なものとし、監視・伝達・必要に応じ更新する**

31 6.2.2 環境目標を達成するための取組みの計画策定

環境目標を確立したら、それを確実に達成するために必要となる具体的な取組みについて、計画を立てます。環境目標を確実に達成するには、事業プロセスに統合して取り組むことがポイントとなります。

環境目標を達成するために実行計画を策定する

環境目標をどのように達成するか、すなわち実行計画を策定します。6.2.2で定める次の項目を決定しなければなりません。

a) 実施事項　b) 必要な資源　c) 責任者　d) 達成期限
e) 結果の評価方法。これには、測定可能な環境目標の達成に向けた進捗を監視するための指標を含む（9.1.1 参照）

実行計画は、環境目標を確実に達成するために必要となるa)～e)の具体的な内容を含めて、文書化した情報にします。たとえばP.124のように実行計画書として年度計画をまとめます。実行計画は定期的に（たとえば3カ月サイクルで）PDCAが回るように、それぞれの実施項目について進捗管理します。そのためには、目標に対する**実績値及びその評価結果を記録できる**ものがよいでしょう。

■環境目標

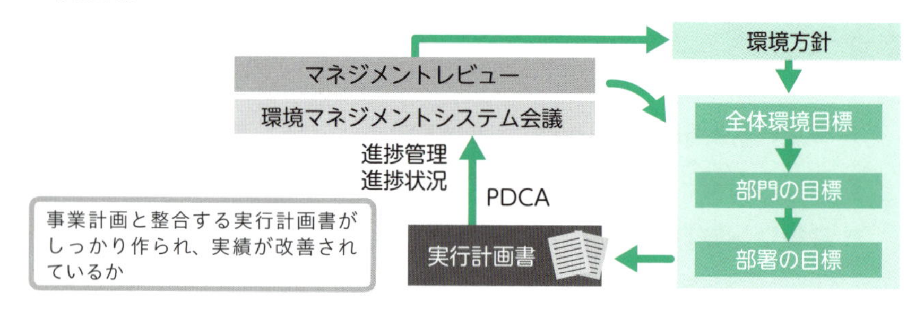

環境目標を達成するための取組みを事業プロセスに統合する

ISO 14001による環境マネジメントシステムでは、環境目標を達成するための取組みを組織の事業プロセスにどのように統合するかについて、考慮しなければなりません。

環境を保護する活動の中には、組織の利益に直接結び付けられないこともありますので、組織の事業活動を優先してしまうと環境を保護する活動が疎かになりがちです。環境マネジメントシステムの目的である環境、社会及び経済のバランスを取り、無理なく持続可能な開発を進めるためには、環境目標の取組みを事業プロセスの中で行うこと、すなわち**事業プロセスに統合する**ことがとても効果的です。

すべての部門において作業品質を高める（作業ミスをなくす）と不良品が減り、その対応もなくなるので結果として環境保護につながります 。その他にもたとえば、営業部門において環境配慮製品の販売を拡大すること、設計開発部門において省エネ効果の高い新製品の開発を進めること、購買部門においてまとめ買いなどの効率的な購買をすること、製造・サービス提供部門において工程を改善することが環境活動につながります。

■ 事業プロセスへの統合

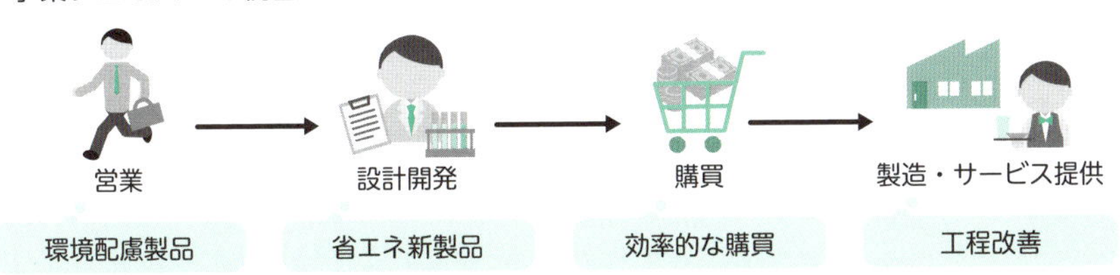

まとめ

- 環境目標達成の計画では実施事項や責任者、時期などを決める
- 適切な指標を含む結果の評価方法を決めて進捗を管理する
- 環境目標を達成するための取組みを事業プロセスに統合する

年度計画表の作成

環境マネジメントシステムでは、活動の計画を1年単位で策定することが一般的です。組織の状況を明確にして、取り組む必要のあるリスク及び機会（取組み項目）と取組み方法、その評価方法を年度計画にまとめます。年度計画では、「6 計画」にある環境目標の計画のほか、「7 支援」「8 運用」「9 パフォーマンス評価」の計画含めて環境マネジメントシステム全体を計画します。

■ 年度計画

○○年度取り組むリスク及び機会（年度計画） 記載例

○○年○○月○○日
承認：
作成：

会社状況

社内外の課題	（環境パフォーマンスの向上に影響する課題） （順守義務を満たすことに影響する課題） 当社に影響を及ぼす環境状態（大雨、豪雪、寒冷など）
利害関係者の要求事項	顧客の要求（○○、○○） 購買先の要求（○○、○○）など 規制当局の法規制

年度計画（例）

項目	取組み方法	実施時期／期限	責任部署	取組み結果の評価方法
課題1	環境目標（全社）	目標実施計画	管理責任者	環境委員会
課題2	環境目標（部署）	目標実施計画	各部署	部門会議
・・・	・・・			
要求事項1	環境目標		○○部	部門会議
・・・				
著しい環境側面1	環境目標（部署）	目標実施計画	各部署	環境委員会
著しい環境側面2	環境目標（部署）	目標実施計画	各部署	環境委員会
・・・				
順守義務	順守義務一覧表		管理責任者	環境委員会
組織整備	組織改訂	○○月	社長	マネジメントレビュー
インフラ／環境整備	設備投資	○○月	社長	マネジメントレビュー
人材育成／認識	教育訓練			教育訓練計画
文書整備	○○活動			パトロール
5S	○○活動	日常管理	各部署	パトロール
○○○	監視・測定	毎月	管理責任者	環境委員会
（EMS適合性）	内部監査	○○月	管理責任者	内部監査
（EMS有効性）	内部監査	○○月	管理責任者	内部監査
（EMS適合性）	マネジメントレビュー	○○月	社長	（マネジメントレビュー）
（EMS有効性）	マネジメントレビュー	○○月	社長	（マネジメントレビュー）

※コメント　・・・・・・・・・・
※コメント　・・・・・・・・・・

7 支援

「7 支援」は、環境マネジメントシステムに必要な資源や文書管理などの要素に関する要求項目です。箇条7は、「7.1 資源」「7.2 力量」「7.3 認識」「7.4 コミュニケーション」「7.5 文書化した情報」の5節から構成されます。

32 7.1 資源

環境マネジメントシステムの資源は経営資源であり、システムの有効な運用及び環境パフォーマンスの向上に大きく影響します。プロセスの運用に必要な資源全体に関わる要求です。

「7 支援」のポイント

「7 支援」は、**環境マネジメントシステムに必要な資源や文書管理などの要素に関する要求項目**であり、環境マネジメントシステムにおけるPDCAでは箇条8の**運用と並んで実施（Do）に位置付け**られているので、組織は、支援に取り上げられている項目そのものを環境マネジメントシステムの実施事項として取り組まなければなりません。

環境マネジメントシステムの支援は、マネジメントシステム規格に共通の上位構造によって、5つの節から成り立っています。7.1では人や設備をはじめとする資源の決定と提供、7.2と7.3では教育訓練を主体とする人材管理と育成、7.4では組織内外の情報伝達、7.5では文書・記録の作成及び管理について規定されていますので、それぞれの取組みが、環境マネジメントシステムを継続的に改善するための活動になります。

環境マネジメントシステムの資源

環境マネジメントシステムを確立、実施、維持及び継続的改善するために、組織は資源を必要とします。組織は必要な資源を決定し、提供しなければなりません。資源は内部資源だけでなく、人材派遣、リース、レンタルなどの外部提供者によって補完しても構いません。ISO 14001による環境マネジメントシステムで資源とは、**人的資源、天然資源、インフラストラクチャ、技術及び資金**のことを指します。インフラストラクチャには建物、設備、地下タンク及び排水システムが含まれます。資金は、"環境、社会、経済"のバランスの実現に向けて、利益を生まない環境マネジメント活動をバランスよく実施するために設けられています。組織の事業活動において、組織の状況に見合った環境予算を計上して環境マネジメント活動を維持していくことが求められます。

必要な資源の決定は、**マネジメントレビューにおいてインプット項目"e) 資源の妥当性"を考慮**してなされます【関連9.3】。このレビューは一般的に、採用計画、投資計画などの年度単位で計画的に行われますが、資源変更の必要が生じたときには臨時で行うこともあります。

■環境マネジメントシステムの資源

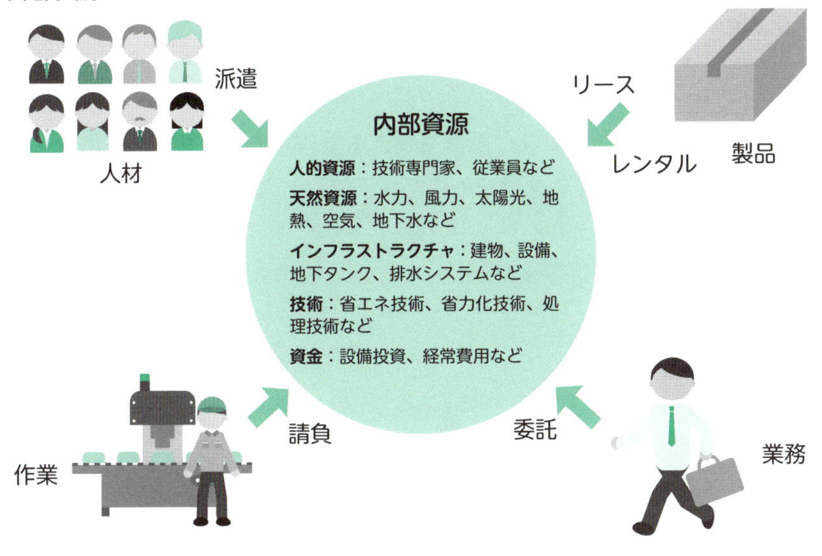

まとめ

- 支援とはシステムに必要な資源の提供、情報伝達、文書化のこと
- 資源の提供は内部資源や外部提供者からの取得を考慮する
- 内部資源か外部提供者かは柔軟に対応することが大切

33 7.2 力量

環境マネジメントシステムの人材は力量で管理します。環境に関する業務に必要な力量を明確にし、働く人がその力量を身に付け、必要に応じて必要な力量を身に付けるための処置をとることが求められています。

人々の力量を明確化して備えさせる

組織は、環境マネジメントシステムの環境に関連する業務に携わる人（または人々）の力量を管理しなければなりません。

a) 組織の環境パフォーマンスに影響を与える業務、及び順守義務を満たす組織の能力に影響を与える業務をその管理下で行う人（又は人々）に必要な力量を決定する

b) 適切な教育、訓練又は経験に基づいて、それらの人々が力量を備えていることを確実にする

力量を管理する対象は、**環境パフォーマンスに影響を与える業務及び順守義務を満たす組織の能力に影響を与える業務をその管理下で行う人（または人々）**です。組織は、これらの人々に**必要な力量を明確にし、**それらの業務を行う人々が必要な力量を経験を通じて備えているか、あるいは適切な教育、訓練を行って備えるようにする必要があります。

■力量の管理が必要な人々（附属書AのA.7.2）

a）著しい環境影響の原因となる可能性を持つ業務を行う人

b）次を行う人を含む、環境マネジメントシステムに関する責任を割り当てられた人

力量の向上

組織は、力量向上の必要性を決定し、必要なときは処置をとります。

c) 組織の環境側面及び環境マネジメントシステムに関する教育訓練のニーズを決定する
d) 該当する場合には、必ず、必要な力量を身に付けるための処置をとり、とった処置の有効性を評価する

環境に関連した業務で働く人（または人々）が、業務に必要とされる力量を保有していない場合（“該当する場合”）には、組織は必ず、必要な力量を身に付けるための処置をとり、とった処置の有効性を評価しなければなりません。処置には、たとえば以下のようなものがあります。

- **現在雇用している人々に対する、教育訓練の提供、指導の実施、配置転換の実施**
- **力量を備えた人々の雇用、そうした人々との契約締結**

a) b) c) d) の実施については、証拠となる**文書化した情報（記録）を保持**する必要があります。図のような記録文書があります。

■ 力量の確保とその記録の保持

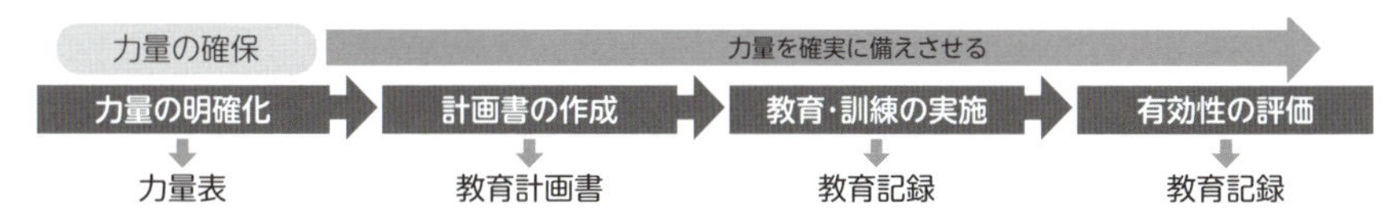

まとめ

- **環境に関連する業務に必要な人々の力量を決定する**
- **必要な力量を備えるために教育訓練、指導などの処置を実施する**
- **力量の証拠として、適切な文書化した記録を保持する**

34 7.3 認識

環境マネジメントシステムを確立し、実施し、維持し、継続的に改善するのは人です。組織の管理下で働く人々が力量を備えていると同時に、それを発揮するための適切な認識を持たせることが組織に求められます。

適切な認識を持たせる

組織の管理下で働く人々が保有する力量を発揮して環境マネジメントシステムを有効に運用するために、組織はそれらの人々に、**環境方針、自分の業務に関わる著しい環境側面と環境影響、有効性への自らの貢献、順守義務を含む要求事項に適合しないことの意味を認識**させることが必要です。ここでいう認識（awareness）は単に内容を知っているだけでなく、自らの行動につなげる程度に能動的で、自覚することです。認識は、力量がある人の認識不足による失敗を防止するために、力量と並ぶ重要な要素に位置付けられています。組織は働く人に、次の4項目について認識させなければなりません。

a) **環境方針**
組織が目指すことや、環境の保護、順守義務を満たし、継続的に改善していくこと

b) **自分の業務に関係する著しい環境側面及びそれに伴う顕在する又は潜在的な環境影響**
自らの業務で抽出・評価して決定された著しい環境側面とそれに伴う顕在または潜在的な環境影響。それを低減することによって環境保護すること

c) **環境パフォーマンスの向上によって得られる便益を含む、環境マネジメントシステムの有効性に対する自らの貢献**
計画どおりに活動することにより、目標達成や改善に寄与していること

d) **順守義務を満たさないことを含む、環境マネジメントシステム要求事項に適合しないことの意味**

ルールに違反したり要求事項を満たさないと、法規制違反、環境汚染、苦情やクレーム、信用喪失などの影響につながること

認識を獲得させる方法

人々に認識を持たせるために、組織は、教育訓練やコミュニケーションを通じて必要な情報を伝え、トレーニングを行います。認識の獲得に関連する要求事項には表のものがあります。

■ 認識の獲得に関連する要求事項の例

方法	例
教育訓練【関連7.2】	新人教育、育成教育、転入時教育など
コミュニケーション【関連7.4】	会議でのコメント、朝礼、掲示、回覧など
パフォーマンス評価【関連9.1】	育成教育のパフォーマンスを評価する

■「7.2 力量」と「7.3 認識」の関係　　■ 人々に認識を獲得させる

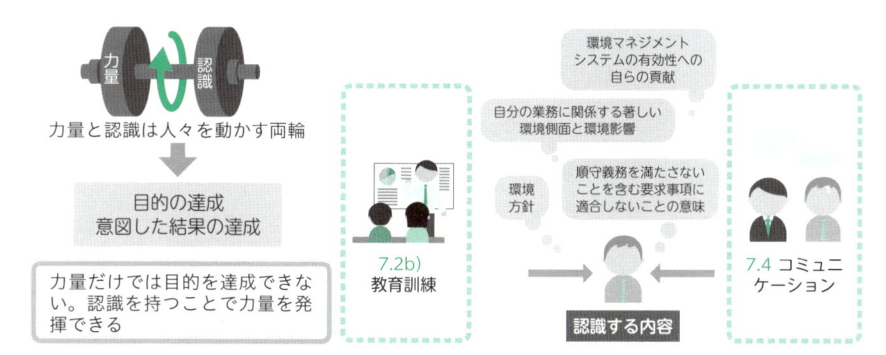

まとめ

- 環境方針と環境保護の認識は、組織の目的達成の基本となる
- 自ら貢献する利益と、適合しないことの不利益を認識させる
- 認識を持たせるために教育訓練やコミュニケーションを行う

35 7.4.1 コミュニケーション ①プロセスの確立

環境マネジメントシステムで組織活動を行うために、関連する内部（管理下で働く人々の間）及び外部（組織と組織外部の利害関係者との間）のコミュニケーションに必要なプロセスの確立、実施、維持が組織に求められます。

コミュニケーションのプロセスを確立する

環境マネジメントシステムでは順守義務を満たすことを求めています。組織は関連する内部及び外部のコミュニケーションを確実に行わなければなりません。そのために必要なプロセスを確立し、実施し、維持します。

環境マネジメントシステムにおいてトップマネジメントは、環境方針や環境目標を管理下で働く人々に伝達し、環境マネジメントシステムをけん引して継続的に改善します。ISOのマネジメントシステムの組織管理はこのようなトップダウン方式ですが、改善提案などのボトムアップ活動も有効です【関連7.4.2】。

組織は顧客からの要求事項を受け、組織内の必要な機能及び外部提供者に必要な情報を伝達し、顧客の環境上のニーズも満たした製品及びサービスを提供します。これらの環境マネジメントシステムの活動を行うためには、組織の管理下で働く人々が必要とする情報を、**適切な方法で適切な時期に伝えることが必要**であり、そのためのコミュニケーションプロセスを確立します。

具体的には、**a) 内容、b) 実施時期、c) 対象者、d) 方法**を含めて確立します。これらを含めた組織内外のコミュニケーションの例を次ページの表に示します。これらのコミュニケーションの記録についてはP.135を参照してください。

コミュニケーションをするために必要なパソコンやメールシステム、情報管理システムなどのコミュニケーションツールは、インフラストラクチャ【関連7.1】として提供して維持管理します。営業機能や接客サービス提供などに携わる人々については、必要に応じて人々のコミュニケーション能力の力量を管理するとよいでしょう【関連7.2】。

■ コミュニケーションの例

		内容	実施時期	対象者	方法	記録
内部コミュニケーション	P	年度計画	年度初め	プロセス管理者	方針／目標	方針／目標
		活動計画	年度初め	トップマネジメント	活動計画書／会議	活動計画書
	D	事務連絡	適宜	部署要員	朝礼	−
		認識向上	適宜	部署要員	朝礼	−
	C	パフォーマンス分析報告	毎月	トップマネジメント	報告書／会議	報告書／議事録
		順守報告	毎月	トップマネジメント	報告書／会議	報告書／議事録
		パフォーマンス監視測定結果	毎日	プロセス管理者	日報／管理システム	日報／システムデータ
	A	事故報告	発生時	プロセス管理者	電話	事故報告書
		改善提案	随時	プロセス管理者	改善提案	改善提案
外部コミュニケーション	P	環境活動計画	4月	利害関係者	環境レポート	環境レポート
	D	法規制順守	適宜	規制当局	届出／報告	届出書／報告書
		材料情報	納入時	顧客	材料証明書	材料証明書
		環境要求事項	取引契約時	供給者	グリーン調達指針	送付リスト
		環境活動のPR	適宜	利害関係者	ホームページ	ホームページ
		新製品情報	11月	顧客	展示会	コンタクトリスト
	C	環境活動報告	4月	利害関係者	環境レポート	環境レポート
		環境パフォーマンス報告	1月	親会社	環境レポート	環境レポート
		順守報告	適宜	当局	順守報告書	順守報告書
	A	事故報告	発生時	当局	事故報告書	事故報告書
		是正報告	苦情受領時	利害関係者	是正報告書	是正報告書
			勧告・命令受領時	当局	是正報告書	是正報告書

まとめ

- **環境マネジメントシステムに関連する情報を内部・外部に伝える**
- **コミュニケーションに必要なプロセスを確立、実施、維持する**
- **プロセスには内容、実施時期、対象者、方法を含める**

36 7.4.1 コミュニケーション ②順守義務の考慮と記録

環境マネジメントシステムで順守義務を満たすためには、順守義務を考慮に入れたコミュニケーションプロセスを確立するとともに、関連するコミュニケーションに対応し、必要に応じて証拠となる記録を残します。

順守義務の考慮、情報の信頼性

コミュニケーションプロセスを確立するときには、組織の順守義務を考慮に入れ、関連する情報が確実に伝わるようにしなければなりません。順守義務に関連する届出、報告、申請などのコミュニケーションは、あらかじめ定められた時期に、手順や様式などの決められた方法によって、必要な力量を身に付けた人（または人々）によって行う必要があります【関連7.2】。コミュニケーションする顧客や規制当局によってコミュニケーションの方法が変更されたときには、コミュニケーションプロセスを見直して最新の状態で維持します。

また、順守義務を満たすことに関わることもあることから、伝達される環境情報（排ガス中のNOx、SOx濃度や排水中のPHやCOD濃度など）は、偽りなく、測定によって作成された情報と整合しており、事実に基づき、正確で信頼できるものにしなければなりません。組織は、信頼性ある環境調査をするために監視機器・測定機器を管理し【関連9.1.1】、測定者の力量【関連7.2】・認識【関連7.3】を高めるか、必要に応じて外部提供者を活用します。

■ 順守義務によるコミュニケーション

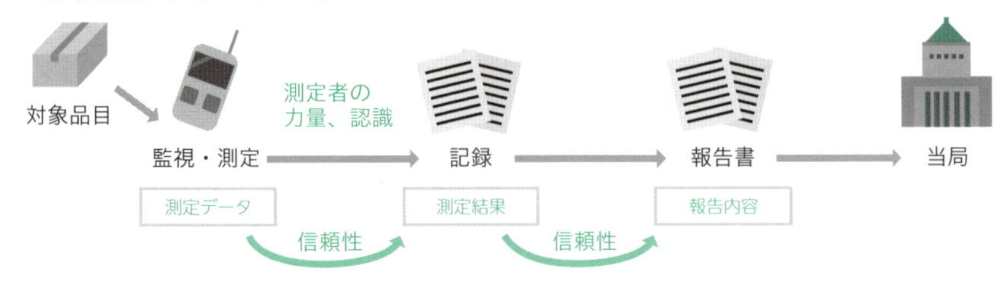

関連するコミュニケーションへの対応

組織は、環境マネジメントシステムについての**関連するコミュニケーションに対応**しなければなりません。関連するコミュニケーションには、肯定的なものもあれば否定的なものもありますが、とくに苦情などの否定的なものについては組織の迅速かつ明確な対応が求められます。

■ 対応を要する関連するコミュニケーションの例

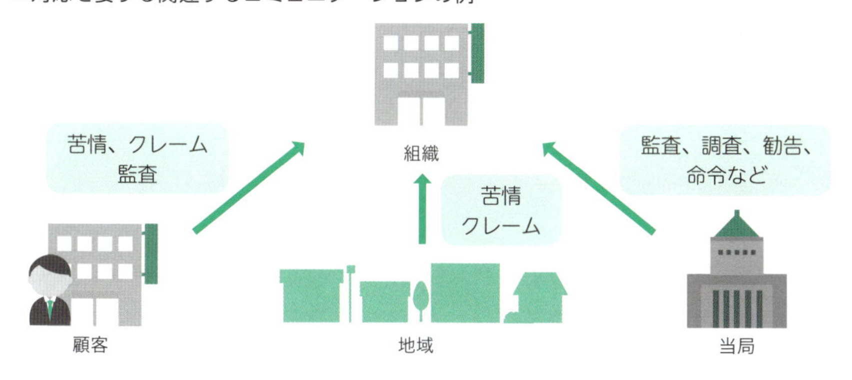

コミュニケーションの記録

組織は、必要に応じて、コミュニケーションの証拠として**文書化した情報（記録）を保持**しなければなりません。すなわち、顧客や規制当局などの利害関係者からの要求に基づいて、あるいはコミュニケーションで伝えられた情報の重要性に基づく組織の判断で必要な記録を残しておく必要があります（P.133参照）。

まとめ

- **順守義務を考慮に入れ、信頼性ある情報を伝達する**
- **苦情や監査・勧告など関連するコミュニケーションに対応する**
- **必要に応じてコミュニケーションの証拠として記録を残しておく**

37 7.4.2 内部コミュニケーション、7.4.3 外部コミュニケーション

7.4.1 の要求に従って作成したコミュニケーションプロセスを通じて、組織内部のコミュニケーション及び組織外部のコミュニケーションを行います。その内容を規定しています。

内部コミュニケーションで実施する事項

組織の内部コミュニケーションは、7.4.1 で確立したコミュニケーションプロセスに従って実施する必要があります。

a) **必要に応じて、環境マネジメントシステムの変更を含め、環境マネジメントシステムに関連する情報について、組織の種々の階層及び機能間で内部コミュニケーションを行う**

コミュニケーションする内容は順守義務を満たすことに関することも含む

b) **コミュニケーションプロセスが、組織の管理下で働く人々の継続的改善への寄与を可能にすることを確実にする**

トップダウンの情報伝達だけでなく、「改善提案制度」などの改善の機会を提案できるようなしくみも含めておく

外部コミュニケーションを行う

環境マネジメントシステムは、順守義務を満たすことを大きな活動の柱にしているので、外部コミュニケーションを確実に行います。

組織は、コミュニケーションプロセスによって確立したとおりに、かつ、順守義務による要求に従って、環境マネジメントシステムに関する情報について外部コミュニケーションを行わなければならない

たとえば、6.1.3で法規制を適用すると決定（順守義務）した法規制対象設備について、8.1で決定した運用管理方法に従って運用管理し、9.1.1で決定した監視・測定項目の測定記録を含む**報告書を規制当局の行う調査のために提出する**ことがある

■ 外部コミュニケーションの例

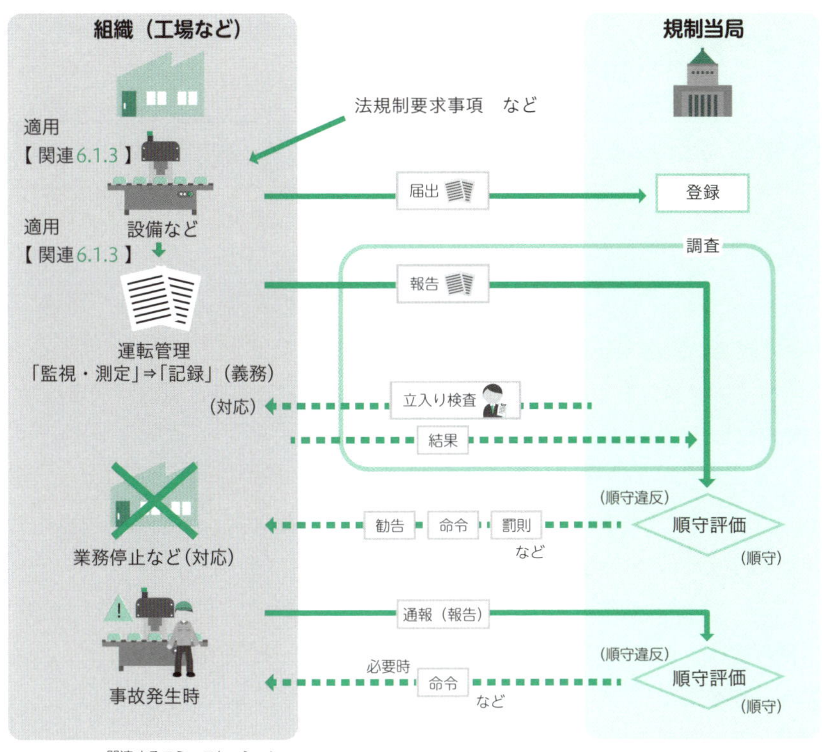

まとめ

- 組織内部には、必要に応じてシステムに関連する情報を伝える
- 管理下で働く人々が継続的改善に寄与できるプロセスにする
- プロセス、順守義務の要求に従って関連情報を外部に伝達する

38 7.5 文書化した情報

環境マネジメントシステムの文書化した情報には、ISO 14001規格が要求しているものと、組織が必要と判断して作成したものがあり、両者を適正に維持管理することが組織に求められます。

環境マネジメントシステムの文書化した情報

組織の環境マネジメントシステムに、次の2つを文書化して含める必要があります。

a) この規格が要求する文書化した情報
b) 環境マネジメントシステムの有効性のために必要であると組織が決定した、文書化した情報

a) は、環境マネジメントシステムの根幹をなすものとして業種や規模を問わず作成する必要があります。一方、b) は、

- **組織の規模、並びに活動、プロセス、製品及びサービスの種類**
- **順守義務を満たしていることを実証する必要性**
- **プロセス及びその相互作用の複雑さ**
- **組織の管理下で働く人々の力量**

といった組織固有の状況に応じて、作成するかしないかの程度を組織の判断に委ねます。たとえば、少人数の下請け工場では大規模な大手製造業と比較してプロセスも単純で、管理する必要のある文書化した情報は少なくなります。

ISO 14001規格の**文書化した情報には、"維持する" ものと "保持する"** ものがあります。"維持する"文書化した情報は、最新版として管理するもので、文書化したマニュアル、手順、記録様式、方針、目標などがあります。"保持

する”文書化した情報は、監視・測定の結果などの証拠として手を加えずに保管するもので、記録様式に記載した情報（すなわち記録）、写真や動画などがあります。“記録”という用語はISO 14001では定義はされていませんが、MSS共通テキストを共有する品質マネジメントシステムでは**「達成した結果を記述した，又は実施した活動の証拠を提供する文書」**と定義されています（ISO 9000:2015の3.8.10）。

文書体系

環境マネジメントシステムを構築するときには、**必要とする文書化した情報を体系立てて整理**します。環境マネジメントシステムを文書化した環境マニュアルは、ISO 14001では作成を要求されていませんが、組織で必要性を判断して作成するか否かを決定します。その下に、規程、プロセス、手順、記録様式、記録などを組織の状況に応じて体系的に構築します。

■文書体系の例

第1次文書	環境マニュアル、環境方針
第2次文書	規程、プロセス 業務フロー（大くくり）
第3次文書	工程表、作業手順書、業務フロー（詳細） 一覧表、計画書、帳票、様式など
記　録	実行した結果

■規格が要求する、維持する文書化した情報（文書）

4.3	環境マネジメントシステムの適用範囲
5.2	環境方針
6.1.1	－取り組む必要があるリスク及び機会 －6.1.1～6.1.4で必要なプロセスが計画どおりに実施されるという確信を持つために必要な程度の、それらのプロセス
6.1.2	－環境側面及びそれに伴う環境影響 －著しい環境側面を決定するために用いた基準 －著しい環境側面
6.1.3	順守義務に関する文書化した情報
6.2.1	環境目標に関する文書化した情報
8.1	プロセスが計画どおりに実施されたという確信をもつために必要な程度の、文書化した情報
8.2	プロセスが計画どおりに実施されるという確信をもつために必要な程度の、文書化した情報

■ 規格が要求する、保持する文書化した情報（記録）

項番	内容
7.2	力量の証拠として、適切な文書化した情報
7.4.1	必要に応じて、コミュニケーションの証拠として、文書化した情報
9.1.1	監視、測定、分析及び評価の結果の証拠として、適切な文書化した情報
9.1.2	順守評価の結果の証拠として、文書化した情報
9.2.2	監査プログラムの実施及び監査結果の証拠として、文書化した情報
9.3	マネジメントレビューの結果の証拠として、文書化した情報
10.2	次に示す事項の証拠として、文書化した情報 －不適合の性質及びそれに対してとった処置 －是正処置の結果

作成する文書化した情報に求められていること

7.5.2では、文書化した情報を作成及び更新する際に、組織は次の3つを確実にしなければなりません。

a) 適切な識別及び記述（例えば、タイトル、日付、作成者、参照番号）
b) 適切な形式（例えば、言語、ソフトウェアの版、図表）及び媒体（例えば、紙、電子媒体）
c) 適切性及び妥当性に関する、適切なレビュー及び承認

a) は、必要とする文書化した情報を探し出しやすくするためです。タイトル、日付、作成者、参照番号などの適切な識別や記述が必要です。また、文書化した情報を更新するときには、新版と旧版を識別できるように版番号を付けて管理します。

b) は、使いやすくするための適切な形式と媒体の選択です。その目的に応じて図表、写真、音声、動画、働く人が理解できる言語などの適切な形式を使用し、その取扱いに応じて紙媒体や電子媒体などの適切な媒体を使用します。

c) は、内容を適切にするためです。作成及び更新の責任者を決めておき、内容の適切性、妥当性について責任者のレビューと承認を受けることが必要です。責任者は、文書化した情報の内容をレビューして承認した証拠として、文書化した情報に押印またはサインをします。

文書化した情報の管理に求められていること

組織は、7.5.3に従って文書化した情報を管理しなければなりません。

a) 文書化した情報が、必要なときに、必要なところで、入手可能かつ利用に適した状態である
b) 文書化した情報が十分に保護されている（例えば、機密性の喪失、不適切な使用及び完全性の喪失からの保護）

a) については、紙媒体では適切な配布方法を、電子媒体では適切な保管環境とアクセス管理を確立します。また、最新版に更新し、利用に適した状態に保つ必要があり、変更した場合は版管理を行って保管・保存しておきます。

b) は、とくに電子媒体で文書化した情報が、機密性の喪失や不適切な使用及び完全性の喪失に対して非常に脆弱ですので、**セキュリティ対策やアクセス権限を定め、バックアップをとるなど十分に保護しておくこと**が必要です。

管理にあたって該当する場合には、組織は必ず次の行動に取り組みます。

- **配付、アクセス、検索及び利用**
- **読みやすさが保たれることを含む、保管及び保存**
- **変更の管理（例えば、版の管理）**
- **保持及び廃棄**

■ 文書化した情報の管理の流れ

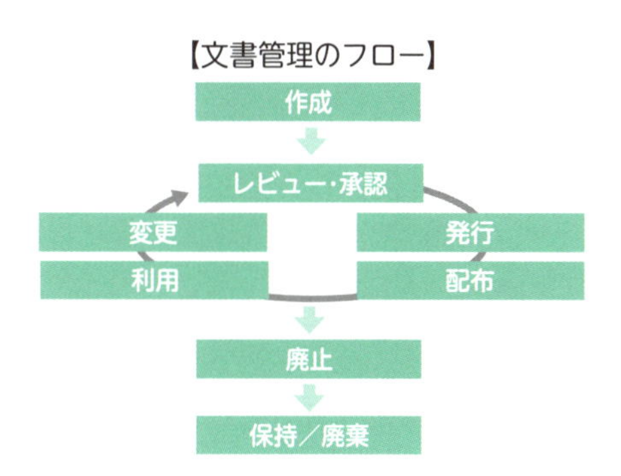

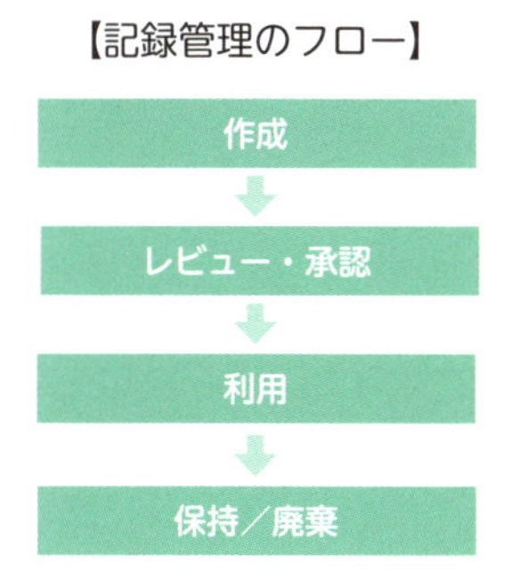

新版に置き換えられた旧版の文書化した情報（旧文書）と活動の証拠として保持する文書化した情報（記録）は、**顧客要求、法的要求およびそのほかの要求、組織の要求によって定められた保管期間保持した後に廃棄**します。

外部文書

7.5.3では、さらに環境マネジメントシステムの計画や運用のために組織が必要と決定した**外部で作成された文書化した情報を、必要に応じて識別し、管理する**ことが要求されています。これには、ISO 14001規格のほか、契約書、協定書、公文書、仕様書、図面、校正証明書などの顧客や外部提供者からの文書化した情報が含まれます。これらのうち機密性の高いものにはとくに注意が必要です。顧客または外部提供者の所有物であり目的を達成した後に返却する文書化した情報は、組織は管理に注意を払わないといけません。

まとめ

- **文書化した情報は必要なときに入手可能で最新の状態にする**
- **セキュリティ対策、バックアップなどで機密性・完全性を保護**
- **外部文書は必要に応じて識別、管理し、保護に注意を払う**

COLUMN

「7 支援」の監査のポイント

環境マネジメントシステムを支える要素として資源、または支援のしくみが適切に維持管理されていることを監査します。とくに順守義務に関するコミュニケーションのプロセスの実施と維持、人材育成につながる力量、認識については教育訓練のニーズ、計画、実施、有効性確認について監査します。

8 運用

箇条８は、環境マネジメントシステムの運用について規定しています。運用については大きく２つに分けて、通常の事業活動における活動と、大きな環境影響を及ぼすことが予想される緊急事態の発生時に対応する方法を計画して備える活動に分けて規定しています。「8.1 運用の計画及び管理」「8.2 緊急事態への準備及び対応」の２節から構成されています。

39 8.1 運用の計画及び管理 ①運用プロセス

8.1は、①環境パフォーマンスの向上、②順守義務を満たす、③環境目標の達成という環境マネジメントシステムの3つの要求事項を満たすために必要なプロセスを確立、実施、管理、維持することを求めています。

「8 運用」のポイント

箇条8は、運用の計画及び管理（8.1）と緊急事態への準備及び対応（8.2）からなります。環境マネジメントシステムの運用は、①著しい環境側面を改善して環境パフォーマンスを向上する活動、②順守義務を満たすための活動、③これらを含むリスク及び機会に取り組む活動から成り立っています。運用プロセスには、右ページ上の図のようなものがあります。①と③はすべてのプロセスに該当します。②は排ガス管理、排水管理、廃棄物管理の各プロセスにあたり、③はとりわけ業務改善、変更管理、外注管理の各プロセスにあたります。組織は、6.1から6.2で規定される要求に従って、これらの環境活動を組織の事業プロセスに統合して行えるように確立し、実施します（P.158参照）。

運用プロセスの確立、実施、管理、維持

組織は、**環境マネジメントシステム要求事項を満たす**、また、**6.1及び6.2で特定した取組みを実施する**という２つの目的のために環境マネジメントシステムを運用します。

組織はそのために必要なプロセスを確立し、実施し、管理し、かつ維持しなければなりません。その際、次の2点を実施して、運用基準を用いたPDCAを回すように求められています。

- **プロセスに関する運用基準の設定**
- **その運用基準に従った、プロセスの管理の実施**

ISO 14001:2004では“手順”の確立、実施、維持でしたが、“プロセス”は組織がインプット／アウトプットを明確にし、運用基準を設定して管理する必要があります。計画した成果を達成する組織の能力を向上し、環境マネジメントシステムの有効性を向上することを意図しています。

■ 環境マネジメントシステムの運用プロセスの例

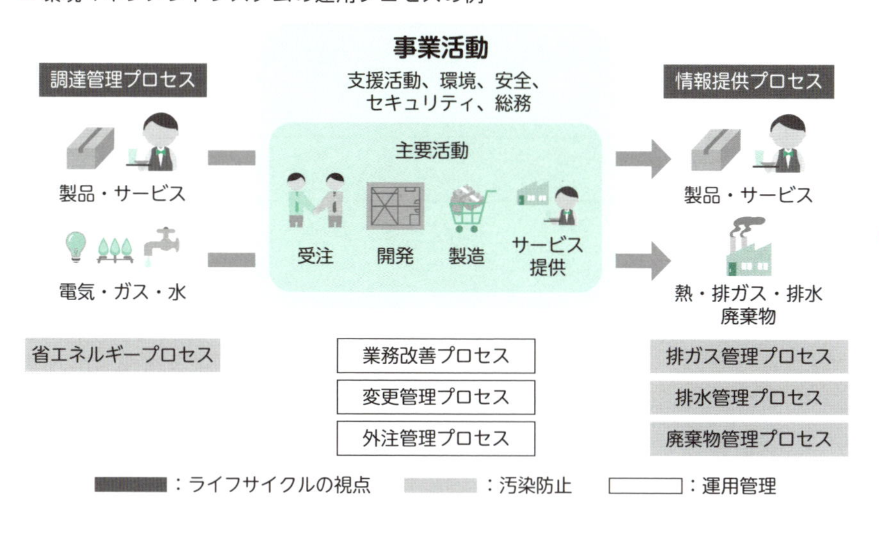

■ 管理の実態

まとめ

- 運用プロセスを確立し、実施し、管理し、維持する
- 運用プロセスには運用基準を設定する
- 事業活動に伴う著しい環境側面を改善し、順守義務を満たす

40 8.1 運用の計画及び管理 ②変更の管理

事業活動において"変更"はつきものです。定常的な活動と比較して、活動内容を変更するときには、非定常的な活動による環境側面の変化や環境影響の変化を伴います。そのため、これらを最小にするように変更時の管理をします。

変更の管理

組織は必要に応じて、以下のように2種類の変更による有害な影響を軽減するように処置します。

①計画した変更：業務活動（プロセス）を変更する場合、環境影響を最小化するようにします。また、順守義務の要求事項を満たせるように計画して管理します。新規製品・新規サービス、新規原材料、新規購買先、設備の導入・変更、手順の変更、要員の変更などがあります。

②意図しない変更：緊急事態や事故、設備の故障や要員の休業などによりやむを得ず設定した業務活動（プロセス）を変更する場合、変更後の環境影響や順守義務の要求事項への適合性などをレビューします。また、有害な影響を軽減するよう処置します。

■2つの変更の管理

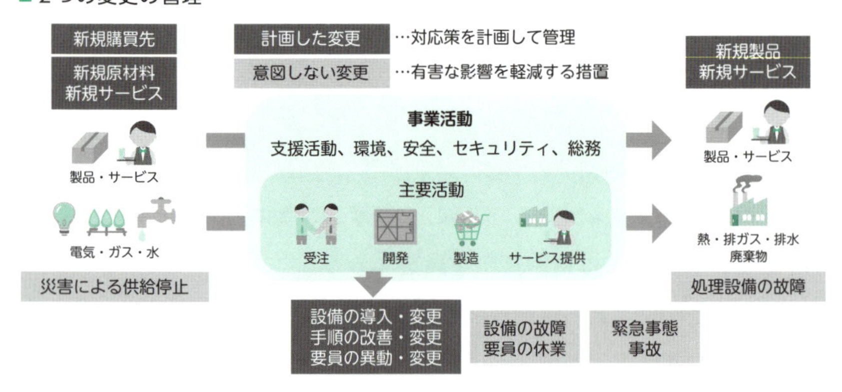

環境マネジメントシステムにおいては、計画段階の6.1.2 環境側面において、以下を考慮に入れて環境側面及び環境影響を決定します。

6.1.2a) 変更、これには、計画した又は新規の開発、並びに新規の又は変更された活動、製品及びサービスを含む
6.1.2b) 非通常の状況及び合理的に予見できる緊急事態【関連8.2】

環境影響の"著しい環境側面"を決定して、著しい環境側面の環境影響を縮小する活動を計画するので、計画どおりに実施することを管理します。

また、新規製品及びサービスの開発、新規設備の導入、設備の変更などについては、関連する順守義務を満たすことも必要です。環境側面の評価基準に順守義務を入れているケースもありますが、6.1.3の要求に従って、適用方法を決定し、決定したとおりに実施することを管理します。

意図しない変更への備え（リスクへの取組み）

意図しない変更は、大きな環境影響を生むリスクがあります。環境側面を決めるときにできるだけ広く"変更"について取り上げて評価し、発生したときの対応方法を決めておく（計画した変更として管理）ことが望まれます。

しかし、それには限界があります。意図しない変更が発生したときに、誰が、あるいはどのようなステップで、その結果をレビューして有害な影響を軽減する処置を決定するのかをあらかじめ決めておきましょう。さらに、その人（または人々）の力量を高めて備えておくとよいでしょう。

■意図しない変更への対処

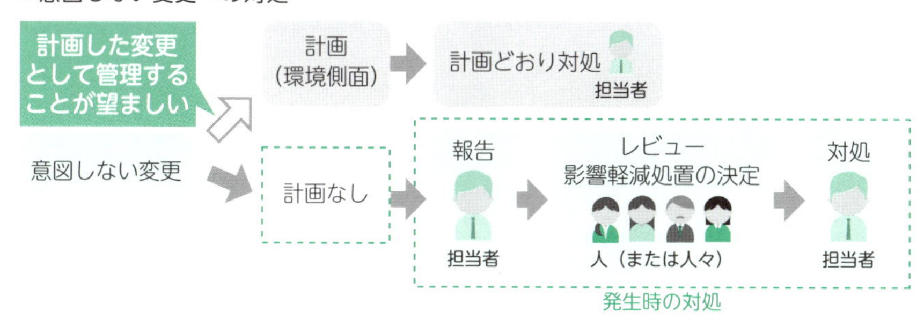

41　8.1 運用の計画及び管理 ③外部委託したプロセス

外部委託は、マネジメントシステムの適用範囲内で組織の機能、またはプロセスの一部を外部の組織が実施するものです。その環境側面については、組織が直接管理するか影響を及ぼさなければなりません。

外部委託したプロセス

組織は、環境マネジメントシステムの適用範囲内にある外部委託したプロセスを、**直接管理するか影響を及ぼす**ようにしなければなりません。組織がプロセスを外部委託する場合、または製品及びサービスが外部提供者によって供給される場合、組織がそのプロセスを管理する能力には、直接管理するか、影響を及ぼすか、購買管理で影響を及ぼすという３つの場合に分けられます。このうち、適用範囲内で組織が**本来の事業活動として実施するべき組織のプロセス**を外部に委託する場合には、そのプロセスを直接管理する能力を有し、直接管理しなければなりません。本来の事業活動外の組織のプロセスの場合は、委託する外部業者の実施するプロセスに対して“影響を及ぼす”（たとえば工場内の工事業者に廃棄物の管理を徹底させるなど）必要があります。

■ 外部委託したプロセスの管理の種類

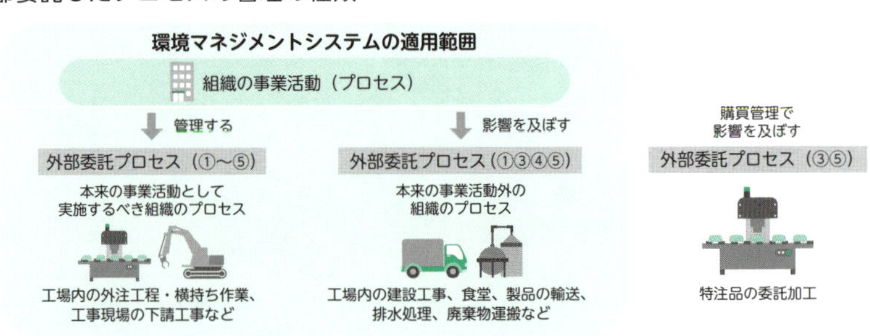

外部委託したプロセス

①環境マネジメントシステムの適用範囲の中にある
②要求事項に適合する責任を、組織が持っている
③組織の機能として不可欠
④組織が実施していると利害関係者が認識している関係
⑤意図した成果を達成するために必要

外部委託したプロセスを管理するには

本来の事業活動として実施するべき組織のプロセスには、工場内の外注工程・横持ち作業、施工業者の工事現場における下請工事などがあります。これらを外注する場合、組織は**外部委託業者を環境マネジメントシステムに組み込んで直接管理**します。外部委託業者は、組織の環境マネジメントシステムの要求事項を順守することが求められます。

本来の事業活動外の組織のプロセスは、工場内の建設工事、食堂、製品の輸送、排水処理、廃棄物運搬などです。これらを外注する場合、組織は**"影響を及ぼす"ことが必要**です。それには組織の環境マネジメントシステムで要求事項を決定し、外部委託業者に伝達します。要求事項を伝達された外部委託業者は、独自の環境活動でPDCAを実施し、その実施状況を組織に報告します。組織は、それを監視して組織のPDCAに反映します。

■ 外部委託したプロセスの管理方法

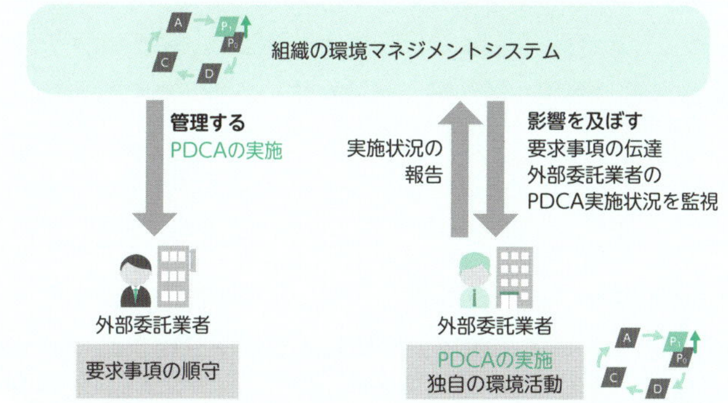

まとめ

- 計画した変更は環境影響を最小限に抑え、順守義務を満たす
- リスクへの取組みで、意図しない変更発生時の対処方法を決める
- 外部委託したプロセスは組織が直接管理するか、影響を及ぼす

42 8.1 運用の計画及び管理 ④ライフサイクル

組織が自らの環境影響を低減する活動をする際は、製品及びサービスのライフサイクル内の他の部分に環境影響が意図せず移行することを防ぐようにしなければなりません。

ライフサイクルの視点

ライフサイクルとは、3.3.3で「原材料の取得又は天然資源の産出から，最終処分までを含む，連続的でかつ相互に関連する製品（又はサービス）システムの段階群」と定義されています。組織は、自らの環境影響を低減することだけを考えて活動するのではなく、活動によって環境影響が意図せずに製品及びサービスのライフサイクル内の他の部分に移行することも防ぐ必要があります。**ライフサイクルの視点に立って環境影響を低減する**活動が求められます。

6.1.2において、環境マネジメントシステムの計画段階で、組織はライフサイクルの視点を考慮して環境側面と環境影響を決定する必要がありました。運用段階の8.1では、組織は次のように設計開発、調達、外部提供者、情報提供について、ライフサイクルの視点に従って活動することが求められています。

- a) **必要に応じて、ライフサイクルの各段階を考慮して、製品又はサービスの設計及び開発プロセスにおいて、環境上の要求事項が取り組まれていることを確実にするために、管理を確立する**
- b) **必要に応じて、製品及びサービスの調達に関する環境上の要求事項を決定する**
- c) **請負者を含む外部提供者に対して、関連する環境上の要求事項を伝達する**
- d) **製品及びサービスの輸送又は配送（提供）、使用、使用後の処理及び最終処分に伴う潜在的な著しい環境影響に関する情報を提供する必要性について考慮する**

■ 製品のライフサイクルの例

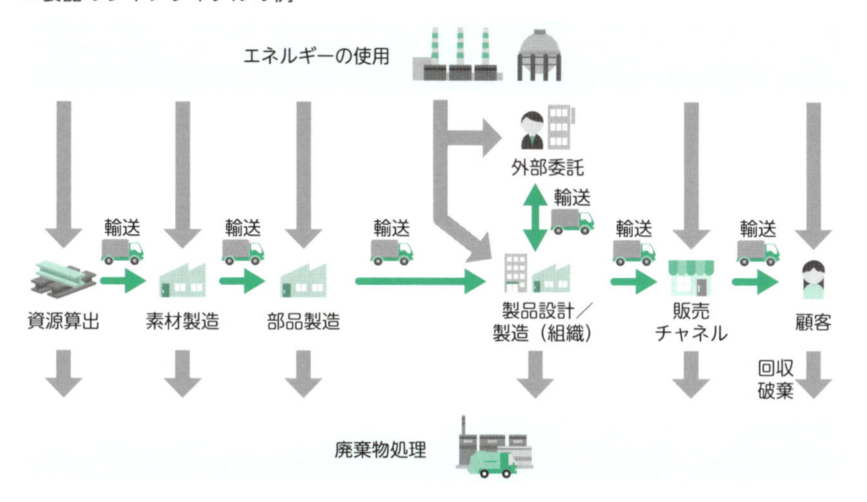

ライフサイクルの視点に従った設計開発

製品またはサービスを設計開発するプロセスにおいては、8.1a) に従って必要に応じて、ライフサイクルの各段階を考慮します。また、環境上の要求事項が取り組まれているような**管理基準を設け、プロセスを管理**するようにします。

■ 設計開発のプロセスにおける環境基準

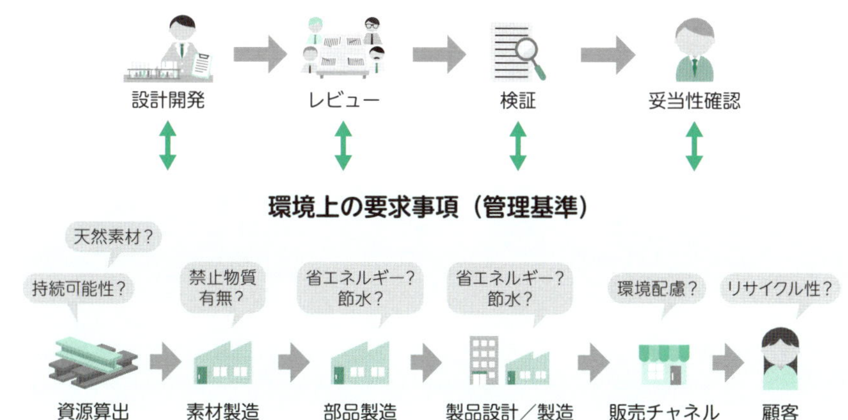

ライフサイクルの視点に従った調達及び外部提供者の管理

調達によって製品及びサービスが環境側面として組織に入ってくるので、8.1b)に従って必要に応じて、環境上の要求事項を決定します。たとえば、環境負荷の少ない製品及びサービス や環境配慮などに積極的に取り組んでいる組織から優先的に調達する**グリーン調達**などがあります。グリーン調達については「国等による環境物品等の調達の推進等に関する法律（グリーン購入法）」があります。

また、請負者を含む外部提供者を用いる場合には次のような要因を考慮して、8.1c) に従って関連する環境上の要求事項を伝達します。

- **環境側面及びそれに伴う環境影響**
- **その製品の製造又はそのサービスの提供に関連するリスク及び機会**
- **組織の順守義務**

ライフサイクルの視点に従った情報提供

組織から提供される製品及びサービスは、輸送、配送、使用、使用後の処理、最終処分とライフサイクルが続くので、8.1d) に従ってこれらの段階に伴う**潜在的な著しい環境影響に関する情報を提供する**必要性を考慮する必要があります。たとえば、輸送や配送時の安全性を考慮してドラム缶に内容物に関する情報を記載したり、取扱説明書に使用方法などを記載したり、食品容器には紙、プラスチックなどのリサイクルや最終処分に必要な情報を記載したりします。

■ ライフサイクルを考慮した情報提供の例

食品容器

ペットボトル

紙

プラスチック

スチール

アルミ

電池

Ni-Cd
ニカド電池

Ni-MH
ニッケル水素電池

Li-ion
リチウムイオン電池

Pb
小型シール鉛蓄電池

■ ライフサイクルの視点に従った活動

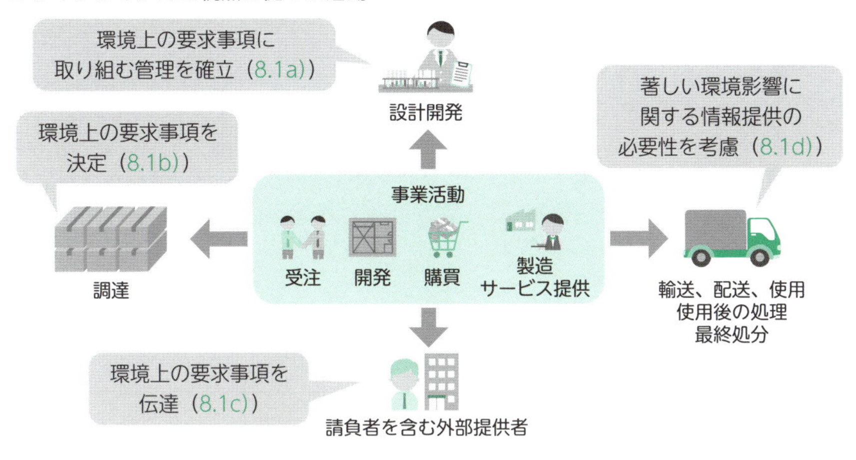

文書化した情報の維持／ライフサイクルアセスメント

組織は、8.1に必要なプロセスが計画どおりに実施されたという確信を持つために必要な程度の**文書化した情報を作成し、維持**しなければなりません。

製品システムのライフサイクルの全体を通してインプット、アウトプット及び潜在的な環境影響を詳しく評価する方法として「ライフサイクルアセスメント」があります【関連6.1.2】。ISO 14001では厳密なライフサイクルアセスメントを要求していませんが、ライフサイクルの視点に従った評価（6.1.2）及び活動（8.1）を求めています。

まとめ

- 運用においてはライフサイクルの視点に従った活動に取り組む
- 設計開発、調達、外部提供者、情報提供における活動を考慮する
- プロセスが計画どおり実施されたことを示す文書化情報を維持

43 8.2 緊急事態への準備及び対応

緊急事態は著しい環境影響を発生する可能性が高いので、緊急事態への準備及び対応のために必要なプロセスを確立し、定期的なテストによってプロセスを実施し、その結果に基づいてプロセスを見直して維持します。

緊急事態対応プロセス

組織は、6.1.1で特定した潜在的な緊急事態への準備及び対応のために必要なプロセスを確立し、実施し、維持しなければなりません。また、そのプロセスによって、次のa)～f) を行わなければなりません。

a) 緊急事態からの有害な環境影響を防止又は緩和するための処置を計画することによって、対応を準備する
b) 顕在した緊急事態に対応する
c) 緊急事態及びその潜在的な環境影響の大きさに応じて、緊急事態による結果を防止又は緩和するための処置をとる
d) 実行可能な場合には、計画した対応処置を定期的にテストする
e) 定期的に、また特に緊急事態の発生後又はテストの後には、プロセス及び計画した対応処置をレビューし、改訂する
f) 必要に応じて、緊急事態への準備及び対応についての関連する情報及び教育訓練を、組織の管理下で働く人々を含む関連する利害関係者に提供する

環境影響を拡大防止する緊急事態の例としては以下などがあります。

- **重油タンクからの重油漏洩時には防油堤を設置し、配管の切替えや、水路のせき止め、オイルフェンスの設置などにより拡散を防ぐ**
- **廃水処理設備の異常時にはピットなどの設置により、汚染水が直ちに流出しないようにする**

また、緊急事態の発生を防止するためのリスク及び機会への取組みの例としては以下のようなものがあります。

- **危険箇所を日常的に監視、チェックする**
- **施設、設備、作業環境などの改善を通じて、危険箇所のリスクを低減する**
- **関連する従業員の教育訓練により、危険回避の能力を高める**

■ 緊急事態への準備及び対応のプロセス

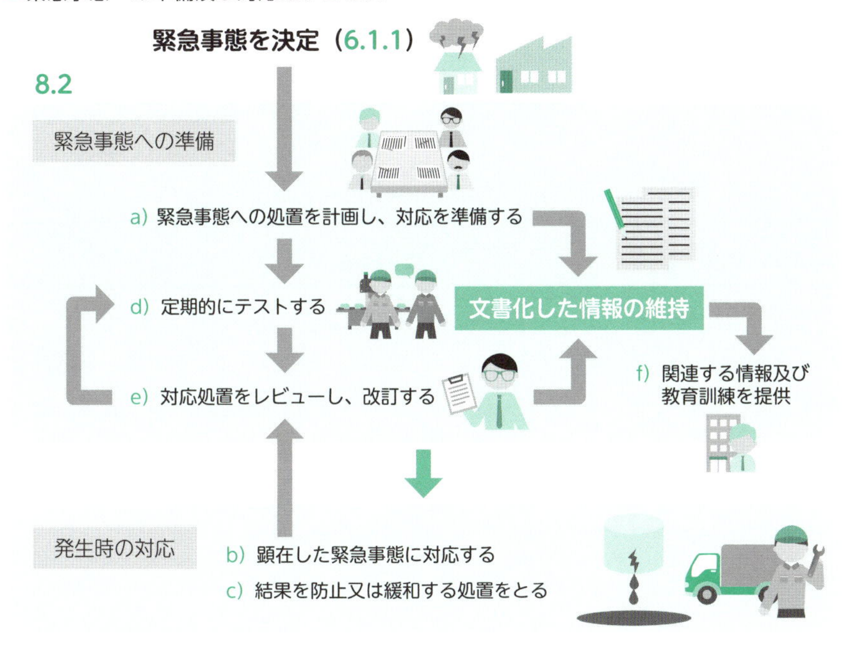

環境マネジメントシステムにおける緊急事態

環境マネジメントシステムで対象とすべき緊急事態とは、**有害な環境影響をもたらす緊急性のある事態**を指します。一般的に火災、地震・大雨による洪水などの自然災害、設備の故障、作業員の操作ミス、その他の事故などを想定します。これらの緊急事態は、リスクとしてとらえ発生を抑える活動を行いますが、必ずしも防ぐことはできませんので、**発生したときの環境影響を低減する活動を計画して準備します**【関連6.1】。

■ 緊急事態の種類、予防と発生時の対策例

緊急事態の種類	予防策	発生時の対策
地震・大雨による洪水などの自然災害	立地、耐震化、転倒防止、治水	初動訓練、連絡網
火災	危険物管理、火気管理、防火設備、防火対策	初期消火、初動訓練、連絡網
設備の故障	使用法、点検、更新	緊急対応手順、教育訓練
作業員の操作ミス	手順書、教育訓練	緊急対応手順、教育訓練
その他の事故	リスクアセスメント	リスクアセスメント

対応処置のテスト、教育、見直し

緊急事態が発生したときに環境影響の拡大を防ぐ処置を確実に実施することができるように、実行可能な場合には定期的に、少なくとも年1回は**対応処置方法をテスト**し、テスト結果を見直すことによって**対応処置計画が適切で最新のものであるように維持**します。必要に応じて、関連する情報や必要な**教育訓練**を組織の管理下で働く人々を含む関連する利害関係者に提供して対応できるようにしておく必要があります。

■ 緊急事態の対応プロセスの維持

d) 定期的にテストする

定期的に（たとえば年1回）、再現テスト／シミュレーションテストを行う
（テストの例：防災訓練・火災訓練排水口の遮断弁や警報装置の作動などをチェックする）

e) 対応処置をレビューし、改訂する

定期的に（たとえば年1回）、レビューし、必要なら改訂する
緊急事態の発生後には、対応手順を必ずレビューして必要なら改訂する

f) 関連する情報及び教育訓練を提供

対応計画を常に使えるように訓練しておく

緊急事態が発生したときの対応

緊急事態が発生したときには、その**発見者の初動が非常に重要**です。ISO 14001による環境マネジメントシステムの狙いは、緊急事態による有害な環境影響を防止または緩和することです。これらの処置は、作業者の安全を確保した上で行うことが大前提ですので、発見者は自らの安全を考慮に入れた上で、有害な環境影響を防止または緩和する処置をとることを迫られます。たとえば発見者は、適切に対応するために周囲に応援を求めることも重要な初動対応です。また、組織内での対応に加えて、組織の定めた判断基準によって公設消防などに出動要請をします。

■ 緊急事態発生時の対処

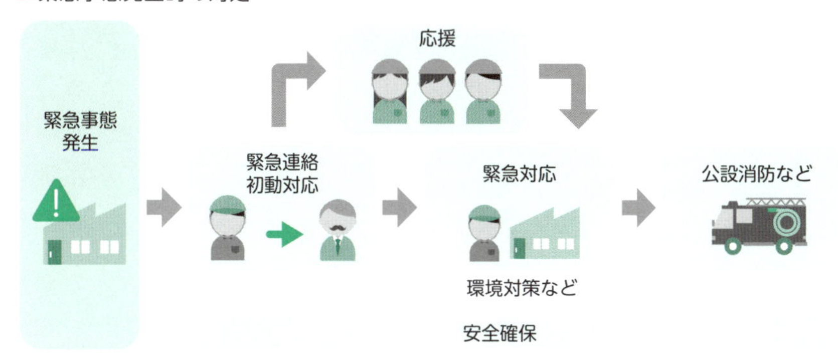

組織は**緊急事態対応計画をあらかじめ文書化**しておき、定期的、緊急事態の発生後、またはテストの後に対応処置をレビューし、必要に応じて計画を**改訂して維持**しなければなりません。

まとめ

- **緊急事態に備え、対応に必要なプロセスを確立、実施、維持する**
- **定期的なテストで改訂し、利害関係者に情報と教育訓練を提供**
- **緊急対応を計画どおり実施するために必要な文書化情報を維持**

順守義務の運用管理

環境マネジメントシステムの運用においては、順守義務を満たすための活動（取り組む必要のあるリスク及び機会）が多くあります【関連6.1.3、6.1.4】。これらの活動をプロセスとして確立し、実施し、管理し、かつ維持しなければなりません。インプットとアウトプットを明確にし、プロセスの運用基準を設定して、その運用基準に従ったプロセスの管理を行います。

下の表に代表的な順守義務の運用管理についてインプット／アウトプット／運用基準を示します。これらについては、順守義務として決定したとおりに順守し、定めた基準によって運用状況を毎月マネジメントレビューで評価します。

■順守義務の運用管理プロセス

区分	法令	プロセス	インプット	アウトプット	運用基準
汚染防止	大気汚染防止法	排ガス処理	発生ガス	処理ガス管理レポート	排ガス基準
汚染防止	水質汚濁防止法	排水処理	発生排水	処理水管理レポート	排水基準
循環	廃棄物処理法	廃棄物管理	廃棄物	廃棄物マニフェスト	マニフェスト
循環	容器リサイクル法	容器リサイクル	廃容器	リサイクル	リサイクルマーク
化学物質	PRTR法	化学物質の情報提供	性状・取扱い情報	SDS	JIS Z 7253、ISO 11014、SDS、省令
化学物質	フロン排出抑制法	特定製品の管理	製品の状態	点検記録	点検計画
化学物質	省エネルギー法	エネルギー使用量の改善	エネルギー使用状況	使用状況届出書	削減計画
化学物質	消防法	危険物質の管理	危険物取扱い状況	貯蔵・取扱の届出	指定数量

「8 運用」の監査のポイント

①環境パフォーマンスの向上、及び順守義務を満たすプロセスの計画、実施、管理、改善を確認します。
②変更は、どのように管理されているか確認します。
③外部委託したプロセスはどのように管理されているか確認します。
④ライフサイクルの視点に従って活動しているか確認します。
⑤緊急事態への準備及び対応のためのプロセスの確立、準備、維持を確認します。

9章

9 パフォーマンス評価

環境マネジメントシステムが計画に沿って運用され、意図した成果を挙げているかを検証するのがパフォーマンス（実績）評価です。環境パフォーマンスとシステムの継続的な改善のための前提となります。箇条9は「9.1 監視、測定、分析及び評価」「9.2 内部監査」「9.3 マネジメントレビュー」の3節から構成されます。

44 9.1 監視、測定、分析及び評価

環境マネジメントシステムの活動全体の中から、具体的に監視、測定、分析及び評価する対象、方法、規準及び指標、時期を決定し、環境マネジメントシステムの環境パフォーマンス及び有効性を評価します。

「9 パフォーマンス評価」のポイント

9.1では、環境マネジメントシステムの計画された活動によって**日常的に発生する環境パフォーマンスについて、監視、測定を行い、その結果を分析し、基準及び指標を決めて、評価する**ことを求めています。なかでも9.1.2で順守評価は重視されており、順守義務の達成を評価して順守を確実にします。

9.2では、環境マネジメントシステムが、組織の要求事項及びISO 14001規格の要求事項に適合しているか、有効に実施され、維持されているかどうかの状況について、**組織自身が監査し、問題点を指摘して改善するための情報提供を行う**ことが求められています。

9.3では、トップマネジメントが、組織の課題の変化をはじめ環境マネジメントシステムの環境パフォーマンスや順守評価などをインプットし、**改善の機会や変更の必要性などの指示をアウトプット**することによって、環境マネジメントシステムを適切、妥当かつ有効に維持していくことが求められています。

監視、測定、分析及び評価のために決定すること

9.1.1では、監視、測定、分析及び評価のために、次の5点を決定します。

a) 監視及び測定が必要な対象

b) 該当する場合には、必ず、妥当な結果を確実にするための、監視、測定、分析及び評価の方法

c) 組織が環境パフォーマンスを評価するための基準及び適切な指標

d) 監視及び測定の実施時期

e) 監視及び測定の結果の、分析及び評価の時期

組織は、環境マネジメントシステムの活動全体に対して、これらを決定し、実行することによって環境マネジメントシステムの**環境パフォーマンス及び有効性を評価**します。組織は、順守義務を満たすために、c) で要求されている環境パフォーマンスを評価するための**"基準"及び適切な"指標"**をあらかじめ決めておく必要があります。監視及び測定は常時または適宜行い、その結果の分析及び評価はたとえば年度、半期、四半期、月度、その他の必要期間に、マネジメントレビューを含む検討会議や報告書などの方法によって行います。

これらの結果の証拠として、報告書や会議記録などの適切な**文書化した情報を保持**しなければなりません。これらの記録は、順守義務を満たしていることの証拠として対外的に重要な意味をもつ場合があります。

■ 監視・測定した結果を分析・評価する

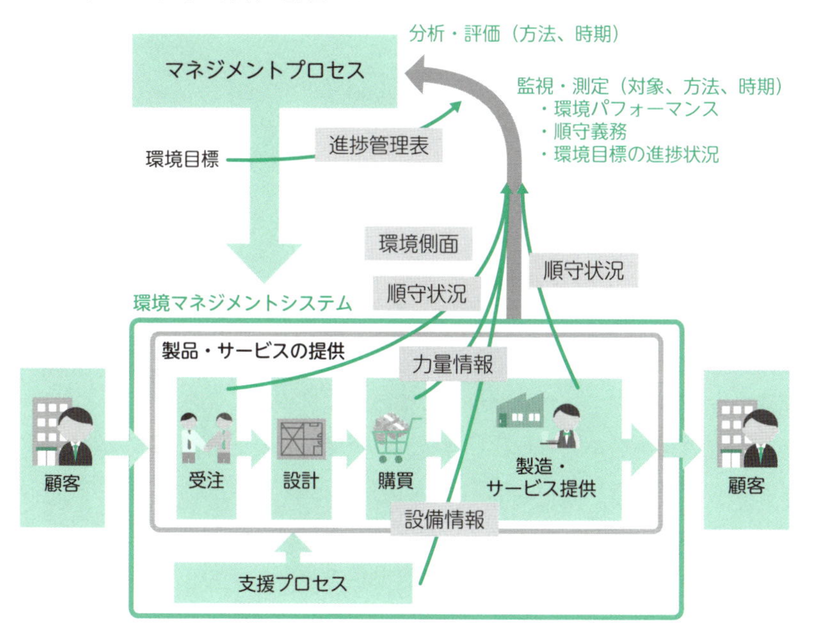

監視機器及び測定機器の使用と維持

組織は、環境パフォーマンスの監視及び測定のために、必要に応じて監視機器及び測定機器を使用しなければなりません。これらの機器は**適切に校正または検証し、測定値の精度を維持**しておく必要があります。確実に校正または検証を行うために、一般的には、一覧表などにリストアップして校正または検証の頻度やその方法、保管方法などを定めて管理します。また、機器本体には校正ラベル・検証ラベルなどを貼り付けて、**校正または検証の状態を識別**します。これらの機器は、校正または検証の有効期限内に、校正または検証を繰り返してその精度を維持します。

校正及び検証は、国際計量標準または国家計量標準に対してトレーサブルであることによって精度が保証されます。

■校正または検証された監視機器及び測定機器を使用する

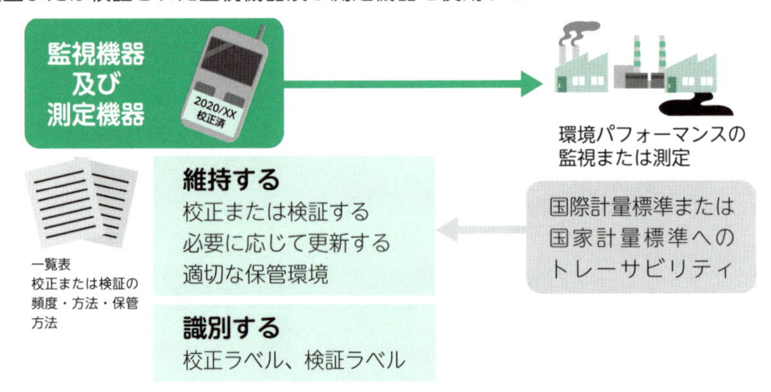

環境パフォーマンス及びシステムの有効性の評価

組織は、監視、測定した結果から、環境パフォーマンス及び環境マネジメントシステムの有効性を評価しなければなりません。たとえば、次ページ上の表に示すような評価をします。9.1.1c）で決定した基準及び適切な指標を用いて、環境パフォーマンスを評価します。さらに8.1で決定したプロセスの運用基準を用いて環境マネジメントシステムの有効性を評価します。

■ 環境パフォーマンス及び環境マネジメントシステム活動の有効性評価の例

環境マネジメントシステム活動【関連 8.1】	環境パフォーマンスの監視・測定基準(9.1.1c))
省電力活動	月度電力消費量
節水活動	上水使用量
省エネ設備の導入	月度電力消費量
製品ロスの低減	廃棄物処理量
排ガス処理設備導入	排ガス濃度
排水処理設備導入	排水濃度

環境マネジメントシステム活動【関連 8.1】	環境パフォーマンスの監視・測定基準(9.1.1c))
環境配慮製品の開発	旧モデルの置換率
生産効率の向上	1日あたりの生産量
労働生産性の向上	残業時間
モーダルシフト	鉄道輸送率
グリーン調達	グリーン調達率

コミュニケーションの監視

組織は、7.4.1で決定したとおりに、かつ順守義務による要求に従って、関連する**環境パフォーマンス情報を、組織の内部と外部に伝達**しなければなりません。順守義務による要求には、たとえば製造設備を新設したときの行政機関への届出、申請、排水や排ガスの管理状況の報告、行政からの調査への回答などがあります。6.1.3で定めた順守義務への対応（組織への適用）に従って、あらかじめ7.4.1で決定したとおりに必要な情報を内部及び外部の双方に伝達しなければなりません。これらの必要な内部及び外部のコミュニケーションを監視することによって、9.1.2の順守評価へとつながります。

■ 順守義務の要求によるコミュニケーションの監視

PDCA	箇条	監視内容
P	6.1.3 順守義務	順守義務の特定と組織への適用
	6.1.4 取組みの計画策定	順守義務への取組みを計画する
D	8.1 運用の計画及び管理	運用基準を設定したプロセス
	7.4.1 コミュニケーション―一般	コミュニケーションプロセスで特定
	7.4.2 内部コミュニケーション	コミュニケーションプロセス
	7.4.3 外部コミュニケーション	コミュニケーションプロセス
C	9.1.1 コミュニケーションの監視	特定したとおり、順守義務の要求に従う
	9.1.2 順守評価	順守義務を満たしたかどうか
A	10.2 不適合及び是正処置	関連するコミュニケーションへの対応

● 結果の記録

9.1.1の要求事項全体に対して、組織は、監視、測定、分析及び評価の証拠として**適切な文書化した情報（記録）を保持**しなければなりません。

日常的な環境パフォーマンスを監視・測定した結果、それらを分析し、評価した結果について、適切な記録を残しておきます。

■監視、測定、分析及び評価の結果の記録

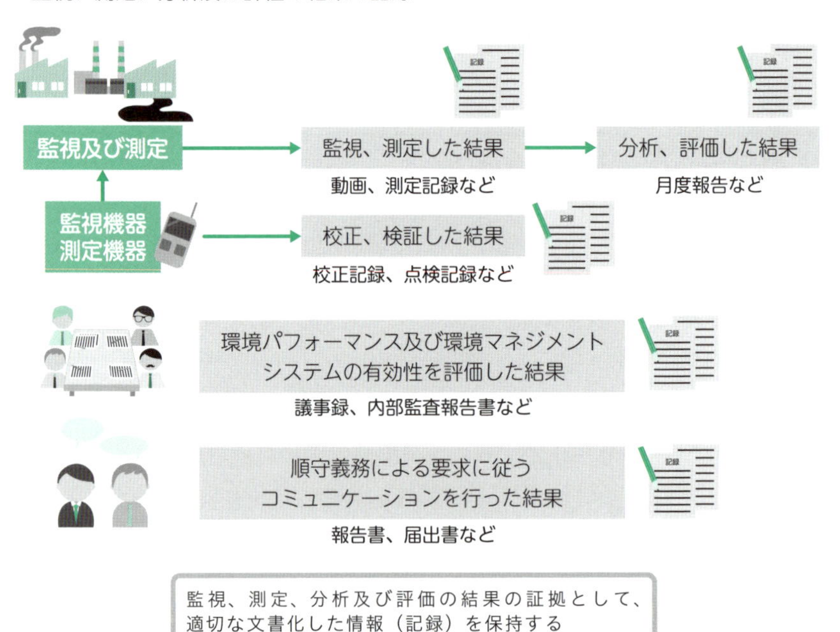

まとめ

- **監視・測定・分析・評価の対象、方法、基準・指標、時期を決定**
- **上記を実行することで環境パフォーマンス及び有効性を評価する**
- **報告書や会議記録などの適切な文書化した情報を保持する**

45 9.1.2 順守評価

組織は、順守義務を満たしていることを評価するために必要なプロセスを確立し、実施し、維持しなければなりません。またその証拠として文書化した情報（記録）を保持しなければなりません。

順守評価のプロセス

順守評価に対するプロセスを要求されていますので、順守義務を満たしていることを評価するためのインプット／アウトプットを決め、責任者や評価する方法を決めなければなりません。そのプロセスでは、さらに、

a) **順守を評価する頻度を決定する**
b) **順守を評価し、必要な場合には、処置をとる**
c) **順守状況に関する知識及び理解を維持する**

を行わなければなりません。順守評価の頻度は、順守義務の要求事項の重要性などを考慮して決定します。順守義務を満たしていることを評価し、満たし

■ 順守義務を満たしていることを評価する

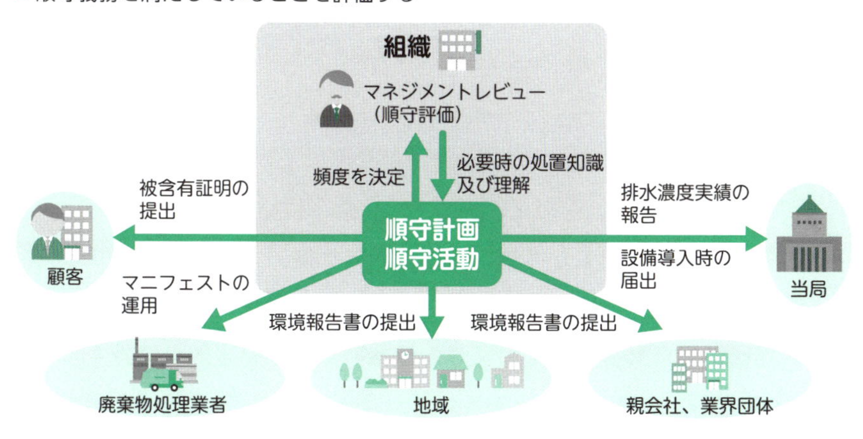

ていないことが判明したときには、**順守を満たせるようにする修正や、満たせない原因を取り除く是正などの必要な処置**をとります。そして、組織は順守義務を満たしているということ、すなわち「順守状況」に関する知識及び理解を、最新の状態に維持更新して、常に把握しておくことが求められます。

記録の保持

組織は、順守義務を満たしていることを評価するプロセスのアウトプット、すなわち「順守評価の結果」を、証拠として**文書化した情報（記録）として保持**しなければなりません。これには、b）の「必要な場合には、処置をとる」の結果も含まれます。

組織は、これらの記録を保持することによって、c）の「順守状況に関する知識及び理解を維持する」ことができます。

■ 順守評価のプロセス

以下を評価する
・順守義務に変更はないか【関連6.1.3】
・適切に運用されたか【関連8.1、7.4】

順守義務一覧表など
測定記録、届出、報告など

↓

順守違反があれば修正・是正をする【関連10.2】

是正処置記録など

↓

順守義務の維持

順守義務一覧表など

↓

順守状況に関する知識及び理解を維持する

順守評価記録など

まとめ

- **順守義務を満たすか評価するプロセスを確立、実施、維持する**
- **評価の頻度を決定し、必要な場合は修正や是正の処置をとる**
- **評価結果を文書化して保持し、組織の知識及び理解を維持する**

46 9.2 内部監査

内部監査は、環境マネジメントシステムにおいて計画した取り決めを実施しているかどうか、及び環境マネジメントシステムが有効に実施され、維持されているかどうかの情報を入手し提供する重要な活動です。

内部監査を実施する

9.2.1では、組織があらかじめ定めた間隔で内部監査して、環境マネジメントシステムが次の状況にあるか否かの情報を得るように規定しています。

a) 次の事項に適合している
1) 環境マネジメントシステムに関して、組織自体が規定した要求事項
2) この規格の要求事項
b) 有効に実施され、維持されている

内部監査の詳細な方法は、**ISO 19011:2018「マネジメントシステム監査の指針」に従い**、監査の7原則に基づいて公正で客観的な立場で監査を行います。環境マネジメントシステムが有効に実施され、維持されているかどうかを監査する際は、P.46も参考にしてください。

■ 監査の7原則

a) 高潔さ	専門家であることの基礎
b) 公正な報告	ありのままに、かつ、正確に報告する義務
c) 専門家としての正当な注意	監査の際の広範な注意及び判断
d) 機密保持	情報のセキュリティ
e) 独立性	監査の公平性及び監査結論の客観性の基礎
f) 証拠に基づくアプローチ	体系的な監査プロセスにおいて、信頼性及び再現性のある監査結論に到達するための合理的な方法
g) リスクに基づくアプローチ	リスク及び機会を考慮する監査アプローチ

(出典) ISO 19011:2018マネジメントシステム監査のための指針「4 監査の原則」

■内部監査のフロー

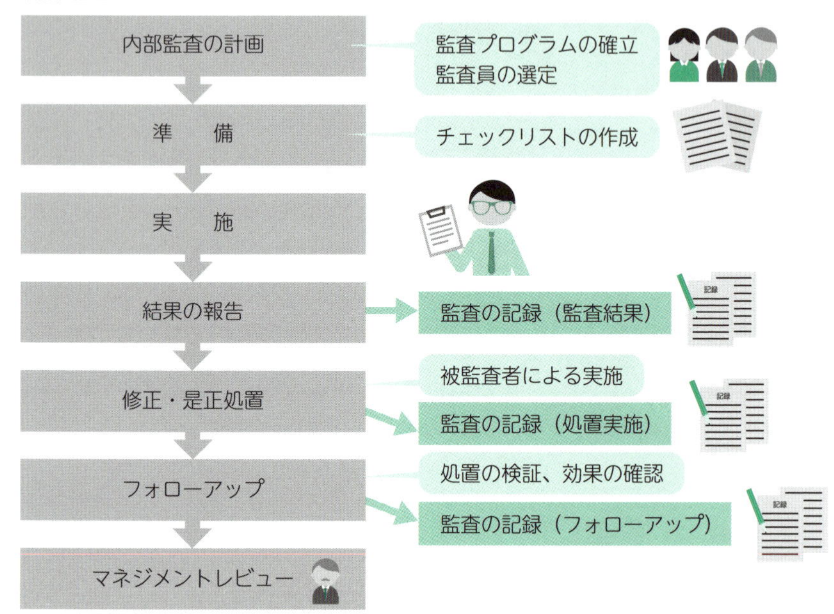

監査プログラム

9.2.2に従って、組織は内部監査について、頻度、方法、責任、計画要求事項及び報告を含む、**監査プログラムを計画、確立、実施及び維持**しなければなりません。監査プログラムを確立するとき、組織は、**関連するプロセスの重要性、組織に影響を及ぼす変更、及び前回までの監査の結果を考慮に入れ**て、次の事項を行わなければなりません。

a) **各監査について、監査基準及び監査範囲を明確にする**
b) **監査プロセスの客観性及び公平性を確保するために、監査員を選定し、監査を実施する**
c) **監査の結果を関連する管理層に報告することを確実にする**

監査プログラムの実施及び監査結果の証拠として、**文書化した情報（記録）を保持**しなければなりません。

内部監査については、毎回、すべてのプロセス、すべての要求事項を監査することを求めているわけではありません。しかしながら、**内部監査の成否が環境マネジメントシステムの成否を分ける**といっても過言ではないほど内部監査は重要ですので、監査プログラムの作成で考慮に入れることに気を配り、監査の実施後には監査結果を分析・評価して次回の監査プログラムを改善していくことが望まれます。

■ 監査プログラムの例

監査計画書		作成日：	承認：
監査の種類	定期・臨時	監査日：	
監査の目的	システム構築状況の確認		
被監査部署	生産課、○○課、○○課		
監査チーム	＊＊＊＊、※※※※		
監査の基準	ISO 14001規格、マニュアル及び関連文書		
時間	監査部署／プロセス	監査項目	
09:00～09:15	初回会議		
09:15～12:00	生産課	6.1.1、6.1.2、6.1.3、6.1.4、6.2、7.1、7.2、7.3、7.4、7.5、8.1、8.2、9.1、10.2、10.3	
12:00～13:00	昼休		
13:00～15:00	○○課	・・・	
・・・	・・・	・・・	
・・・	最終会議		
監査における考慮項目： 注意事項：			

まとめ

- **監査員は、既定の間隔で内部監査を行い、結果を管理層に報告する**
- **ISO 19011の監査の指針に従って、7原則に基づいて公正に行う**
- **監査結果を分析・評価し、監査プログラムを維持・改善する**

47 9.3 マネジメントレビュー

マネジメントレビューは、環境マネジメントシステムにおけるPDCAの節目となる活動であり、さまざまな活動実績のインプット情報を基に、次の計画にかかる指示をアウトプットします。

レビューはトップマネジメントが行う

トップマネジメントが、あらかじめ定めた間隔で環境マネジメントシステムをレビューする必要があります。そのレビューは、環境マネジメントシステムが引き続き適切、妥当かつ有効でさらに組織の戦略的な方向性と一致していることを確実にするために行います。

■ マネジメントレビューを行う間隔

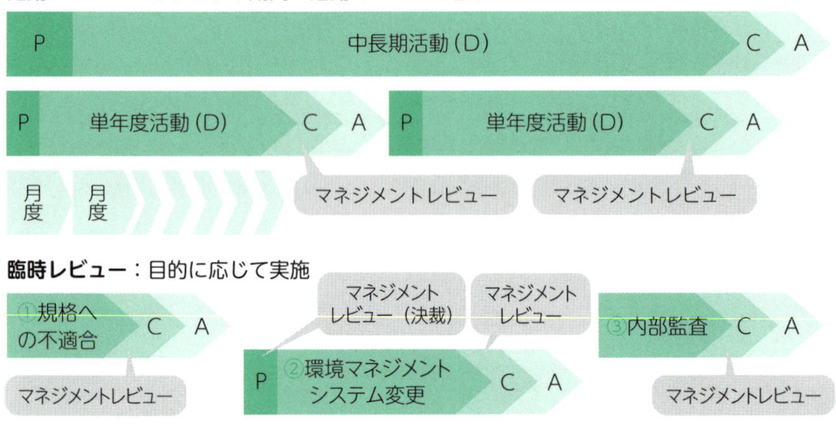

マネジメントレビューへのインプット

マネジメントレビューへのインプットは、環境マネジメントシステムの改善のためにトップマネジメントが適切な判断をするための重要な情報です。

マネジメントレビューは、環境マネジメントシステムに関する次の事項に関する分析内容をインプット項目として考慮し、実施しなければなりません。

a) 前回までのマネジメントレビューの結果とった処置の状況
b) 次の事項の変化
  1) 環境マネジメントシステムに関連する外部及び内部の課題【関連4.1】
  2) 順守義務を含む、利害関係者のニーズ及び期待【関連 4.2、6.1.3】
  3) 著しい環境側面【関連6.1.2】
  4) リスク及び機会【関連6.1.1】
c) 環境目標が達成された程度【関連6.2】
d) 次に示す傾向を含めた、組織の環境パフォーマンスに関する情報
  1) 不適合及び是正処置【関連10.2】
  2) 監視及び測定の結果【関連9.1.1】
  3) 順守義務を満たすこと【関連9.1.2】
  4) 監査結果【関連9.2】
e) 資源の妥当性【関連7.1】
f) 苦情を含む、利害関係者からの関連するコミュニケーション【関連9.1.1】
g) 継続的改善の機会【関連10.1】

マネジメントレビューは、組織経営という高いレベルで行い、詳細情報のレビューではありません。また、すべての項目を同時にレビューすることを求めているのではなく、P.170の図に示したさまざまな間隔のレビューで必要なことをレビューすることを求めています。

環境マネジメントシステムのさまざまな役割の責任者（管理責任者、プロセス責任者、部門責任者）は、パフォーマンスの実績と改善の機会（改善提案）をトップマネジメントに報告し、判断を仰ぎます。

マネジメントレビューからのアウトプット

マネジメントレビューからのアウトプットは、活動の状況についてさまざまなインプット情報を受けた結果、環境マネジメントシステムの継続的改善のためにトップマネジメントが指示するものです。

指示の内容には次の6点に関する決定及び処置を含める必要があります。

- **環境マネジメントシステムが、引き続き、適切、妥当かつ有効であることに関する結論**
- **継続的改善の機会に関する決定**【関連10.1】
- **資源を含む、環境マネジメントシステムの変更の必要性に関する決定**【関連7.1ほか】
- **必要な場合には、環境目標が満たされていない場合の処置**【関連6.2】
- **必要な場合には、他の事業プロセスへの環境マネジメントシステムの統合を改善するための機会**
- **組織の戦略的な方向性に関する示唆**

マネジメントレビューの結果の証拠として、報告書や会議の議事録などの**文書化した情報を記録として保持**します。

■ マネジメントレビューのインプット・アウトプット

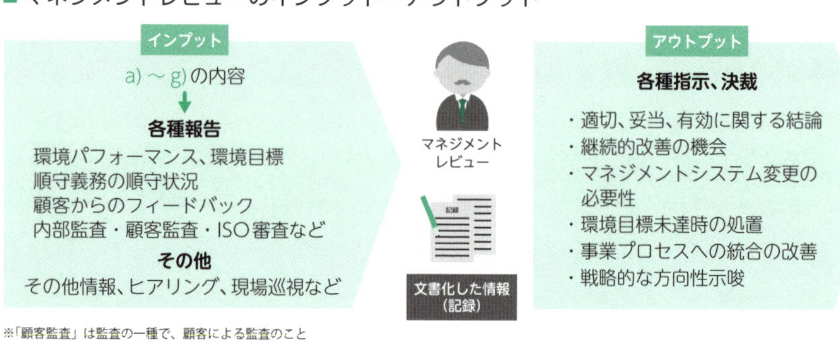

※「顧客監査」は監査の一種で、顧客による監査のこと

まとめ

- **一定の間隔で環境マネジメントシステムをレビューする**
- **継続的改善を判断するための重要な情報をインプットする**
- **トップマネジメントは継続的改善のための指示をアウトプットする**

10 改善

環境マネジメントシステムについて改善の機会に取組み、不適合に対して是正処置を行い、環境マネジメントシステムを継続的に改善する要求事項について定めているのが箇条10です。「10.1 一般」「10.2 不適合及び是正処置」「10.3 継続的改善」の3節から構成されています。

48 10.1 一般

改善によって、環境パフォーマンスを向上し、順守義務を満たし、環境目標を達成するという環境マネジメントシステムの意図した成果を目指します。

「10 改善」のポイント

組織は、確立した環境マネジメントシステムを運用していく中で、10.1で9.1〜9.3の評価を基に改善の機会に取り組み、10.2で環境パフォーマンス及び環境マネジメントシステムに発生した不適合の原因を排除する“是正処置”を行い、10.3でそれらの活動を通じて環境マネジメントシステムを見直し、維持することによって、環境マネジメントシステムを継続的に改善していくことを目指します。

環境マネジメントシステムの成否は、「9 パフォーマンス評価」によって現状を把握した上で**どのような改善の手を打っていくのかと、想定されるリスクを顕在化させないように改善を計画すること**にかかっています。一過性のPDCAではなく、次のPDCAに連鎖的につながる改善のマネジメントが望まれます。

■改善

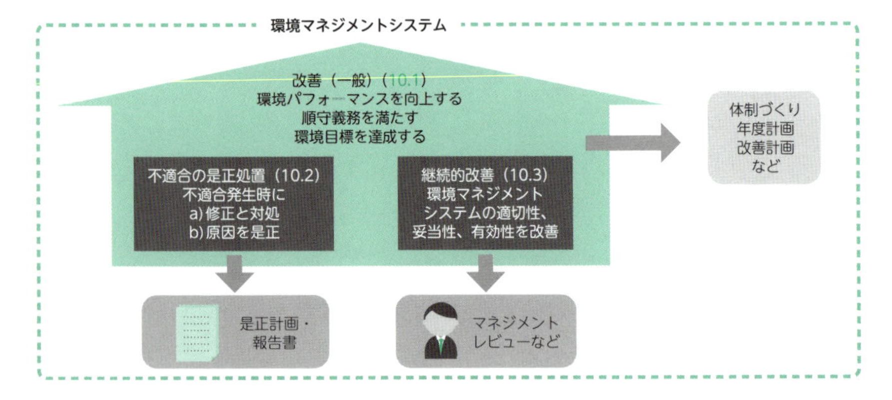

改善の機会を決定して取り組む

環境マネジメントシステムの継続的改善のために、すなわち環境パフォーマンスを向上し、順守義務を満たし、環境目標を達成するために、改善の機会を決定し、必要な取組みを行わなければなりません。マネジメントレビューは、**改善の機会を決定する活動**と位置付けられ、決定された改善の機会（トップの指示事項）について、必要な取組みを実施します。

改善の例は是正処置、継続的改善、現状打破する変革、革新及び組織再編などのさまざまなものを挙げることができます。ISO 14001:2015では予防処置という要求は含まれず、予防処置に代わるものとして**リスク及び機会への取組み**（組織の状況に応じたリスク及び機会への取組みを計画すること）によって、マネジメントシステムのPDCAそのものが意図した成果を得るための予防的なものとして位置付けられています【関連6.1、9.3】。

■ 環境マネジメントシステムにおける改善

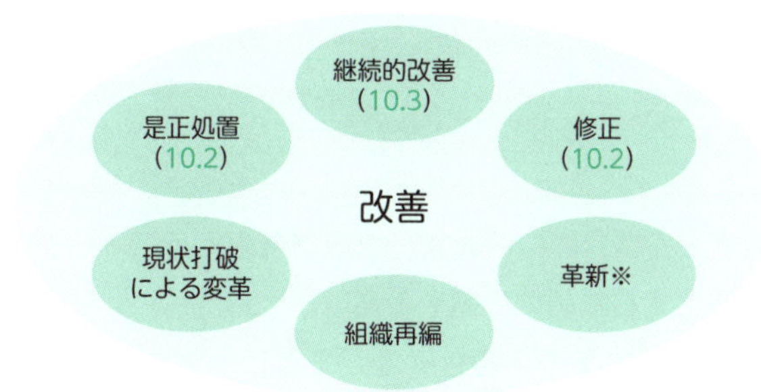

※改めて新しくすること。
ISO 14001では定義はないが、共通基本構造である品質マネジメントシステムでは「新しい又は変更された対象」（ISO 9000の3.6.15）

改善の活動にはさまざまなものがある

まとめ

- 環境パフォーマンス・順守義務・環境目標のために改善する
- リスクに基づく考え方でトップが改善の機会を決定して取り組む
- 環境パフォーマンスの改善だけでなくシステムの改善も実施する
- 是正処置だけでなく現状打破・改革的な取組みも改善

49 10.2 不適合及び是正処置

不適合や苦情が発生したときには、不適合や苦情の原因を明確にし、再発防止のためにその原因を除去する処置（是正処置）を取ることによって、環境マネジメントシステムが改善されます。

不適合への対処と是正処置

10.2a) では、不適合が発生した場合，組織が行わなければならない事項を定めています。**「不適合」とは、「要求事項を満たしていないこと」**をいい、具体的には「ISO 14001規格の要求事項を満足していない」「法規制などの要求事項、基準値を満足していない（法規制等の違反）」「環境マニュアル、手順書のルールどおりに実施されていない」「管理基準を満たしていない（環境、監視機器、装置の状態など）」状態のことをいいます。

不適合が発生した場合、以下の行動を求めています。

a) その不適合に対処し，該当する場合には、必ず、次の事項を行う

1) その不適合を管理し、修正するための処置をとる

2) 有害な環境影響の緩和を含め、その不適合によって起こった結果に対処する

これらの処置が完了したら、10.2b) の事項によって、その**不適合が再発または他のところで発生しないように「不適合の原因を除去するための処置」（是正処置）の必要性を評価**します。不適合としては、環境パフォーマンスの低下、法規制への違反、供給者の評価結果、監査の結果（指摘事項）、分析及び評価の結果、環境目標の進捗度、プロセスの測定結果、マネジメントレビューの結果などがあります。その際は不適合の原因を明確にして、必要と認めた場合は、不適合原因の**是正処置を実施し、その有効性をレビュー**します。必要な場合には、環境マネジメントシステムの変更も行います。

b) **その不適合が再発又は他のところで発生しないようにするため、次の事項によって、その不適合の原因を除去するための処置をとる必要性を評価する**
   1) **その不適合をレビューする**
   2) **その不適合の原因を明確にする**
   3) **類似の不適合の有無、又はそれが発生する可能性を明確にする**

c) **必要な処置を実施する**

d) **とった是正処置の有効性をレビューする**

e) **必要な場合には、環境マネジメントシステムの変更を行う**

是正処置を取るか取らないかは、不適合の持つ影響の大きさに応じて組織で決定します。

是正処置が有効に行われると不適合の原因が是正され、環境マネジメントシステムの継続的改善につながります。しかし、不適合の原因が正しく把握されていない場合は、同じ不適合を繰り返します。したがって、不適合が発生したときは、**真の原因を突き止める**ことが強く望まれます。

■ 修正処置と是正処置の例

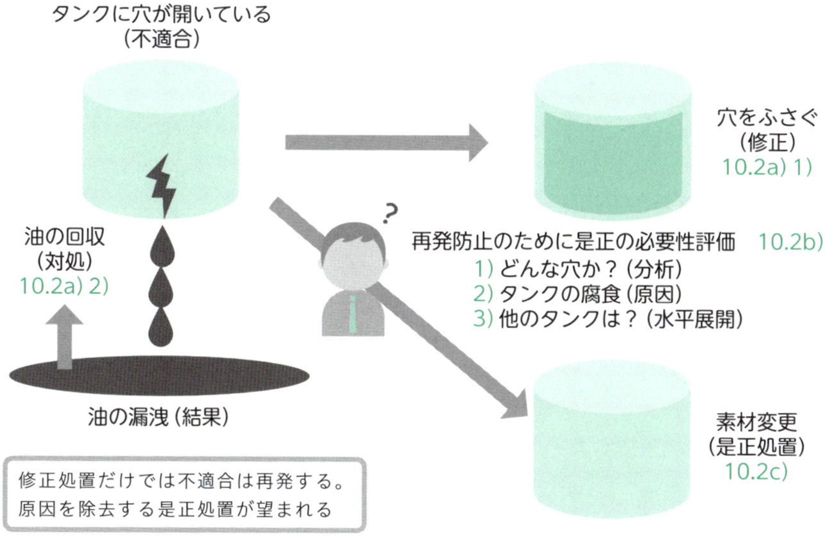

タンクに穴が開いている
(不適合)

穴をふさぐ
(修正)
10.2a) 1)

油の回収
(対処)
10.2a) 2)

再発防止のために是正の必要性評価　10.2b)
1) どんな穴か？(分析)
2) タンクの腐食(原因)
3) 他のタンクは？(水平展開)

油の漏洩(結果)

素材変更
(是正処置)
10.2c)

修正処置だけでは不適合は再発する。
原因を除去する是正処置が望まれる

■ 不適合及び是正処置のフロー

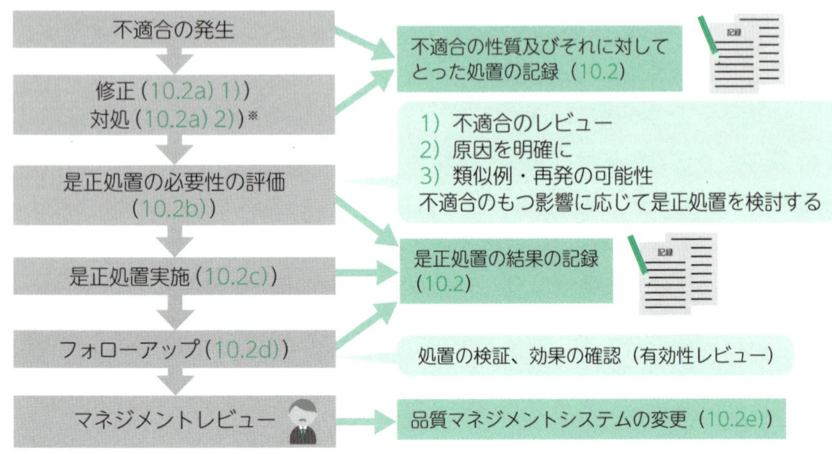

※対処：不適合によって起こった結果に対処すること

文書化した情報を残す

不適合と是正処置について、次の事項の証拠として**文書化した情報（記録）を残す**ことが10.2で必要とされています。発生した不適合に対して、修正、対処、是正などの処置について実施した内容の記録を求めており、とくに再発防止の処置（是正処置）の結果、有効だったか否かについての記録を求めています。

- **不適合の性質及びそれに対してとった処置**
- **是正処置の結果**

まとめ

- **不適合が発生したら修正・対処のための処置を取り、記録する**
- **不適合の原因を明確にし、必要に応じて是正処置を実施する**
- **不適合の処置及び是正の結果を証拠として文書化して保持する**

50 10.3 継続的改善

環境マネジメントシステムの狙いは、環境パフォーマンスを向上することです。そのために、環境マネジメントシステムの適切性、妥当性及び有効性を継続的に改善します。

継続的改善に取り組む

10.3では環境マネジメントシステムの**適切性、妥当性、有効性の改善に継続して取り組む**ことが必要とされています。すなわち、環境マネジメントシステムで取り組んでいる活動が適切な内容であるか、ほどよい活動の程度であるか、効果があるかについて見直し、継続して改善することが求められています。

継続的改善の一環として、取り組まなければならない必要性（パフォーマンス不足）または改善の機会があるかどうかを明確にするために、分析及び評価の結果【関連9.1.1】、並びにマネジメントレビューからのアウトプット【関連9.3】を検討することを求めています。

改善の様子を視覚的に把握できるように折れ線グラフで環境パフォーマンスのトレンドを管理するとよいでしょう。

■ 管理図による継続的改善の見える化

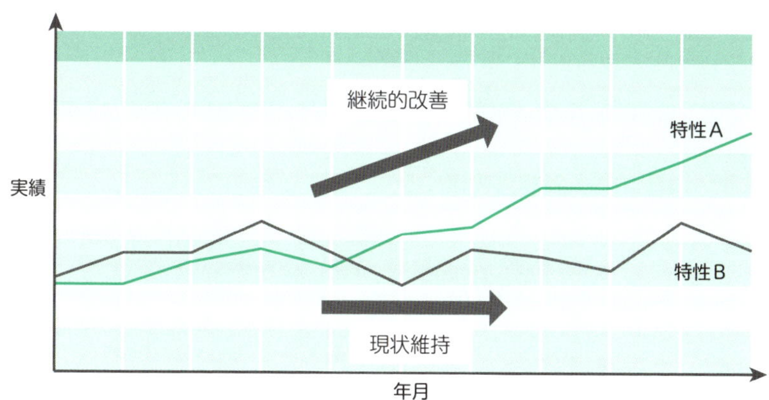

■ PDCAサイクルを回して継続的改善に取り組む

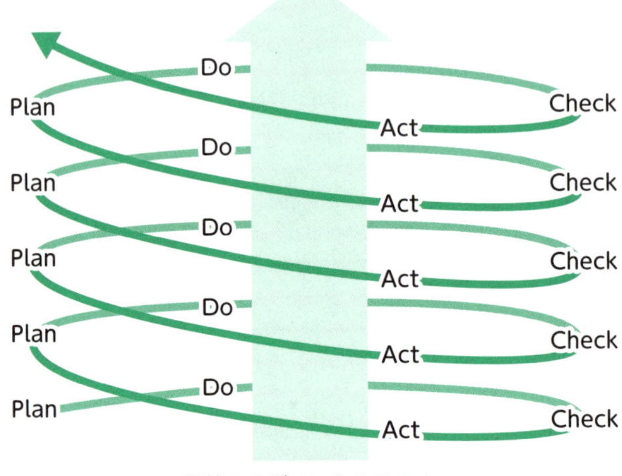

まとめ

- 環境マネジメントシステムの狙いは環境パフォーマンスの向上
- システムの適切性、妥当性、有効性の改善に継続して取り組む
- 環境パフォーマンスの評価結果やマネジメントレビューのアウトプットを検討

「10 改善」の監査のポイント

①環境パフォーマンスが継続的に改善しているかどうかを監査します。
②改善に対する取組みが組織の状況に対して適切であり、効果的に行われていることを監査します。
③不適合に対する是正処置が適切で妥当であることを監査します。

11章

環境保護の具体的な取組み

環境マネジメントシステムの「6 計画」において、環境側面にどのように取り組むのかや参考となる取組み、また、順守義務にどのように取り組むのかについて、環境法規制のより詳しい情報を集めました。

51 環境問題に対する国内外の取組み

環境影響は、組織の近隣から地球環境まで拡がります。環境側面を管理し、影響を及ぼすことで環境影響を低減する国内外の取組みについて紹介します。

国際的に対策が検討される環境問題

18～19世紀の産業革命以降、私たちは化石資源の利用によってたいへん便利で快適な生活をすることができるようになりました。一方では地球温暖化、廃棄物による汚染など、地球規模の環境影響に直面するようになりました。

近年、国際連合をはじめ国際的な環境問題への取組みが検討され、産業会、行政、学会など多くの改善策の検討・提案がなされています。しかしこれらの環境問題に対して歯止めがかかっておらず、将来に対する大きな脅威となっています。地球温暖化防止などがその代表的な例です。

■ 地球温暖化防止に対する国際的な取組み

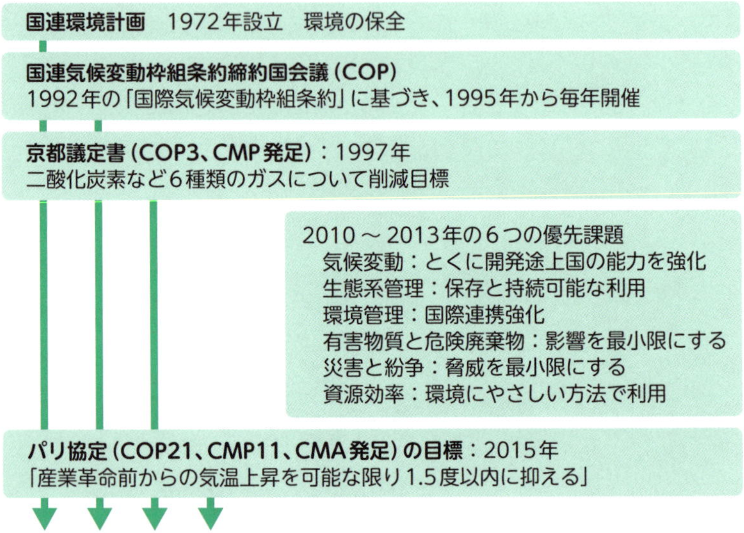

国連環境計画　1972年設立　環境の保全

国連気候変動枠組条約締約国会議（COP）
1992年の「国際気候変動枠組条約」に基づき、1995年から毎年開催

京都議定書（COP3、CMP発足）：1997年
二酸化炭素など6種類のガスについて削減目標

2010～2013年の6つの優先課題
気候変動：とくに開発途上国の能力を強化
生態系管理：保存と持続可能な利用
環境管理：国際連携強化
有害物質と危険廃棄物：影響を最小限にする
災害と紛争：脅威を最小限にする
資源効率：環境にやさしい方法で利用

パリ協定（COP21、CMP11、CMA発足）の目標：2015年
「産業革命前からの気温上昇を可能な限り1.5度以内に抑える」

環境汚染に対する国内外の取組み

地球温暖化と並んで深刻な問題となっている**環境汚染**について、世界保健機関（WHO）によると、世界中のすべての死亡者数の23%が環境に起因するものであり、少なくとも820万人が非伝染性の環境要因によって死亡していると推定されています。

環境汚染で対象とする環境領域は幅広く、さまざまな対象の汚染に基づく影響が報告されています。しかし、これらの影響は十分に解明されているとはいえず、将来に影響がでる可能性もあります。

日本の環境汚染対策は、環境省のエコアクション21をはじめ、対策技術の開発、法規制の整備を含めて世界の中でも進んでいます。対策分野も排ガス処理、排水処理、ごみ処理、化学物質管理、リサイクルなど多岐に渡っています。

世界的に取り上げられている海洋プラスチック問題に対しては、リサイクル、リユース、リデュースの３Rを推進するとともに、環境省による2018年10月の「プラスチック・スマート」キャンペーンによる取組みをはじめました。

組織の環境マネジメントシステムの活動計画を策定するとき、組織の状況について少し**目線を高くして取り組むリスク及び機会を考えてみる**ことも重要でしょう。

■ 地球規模で見たときの環境汚染の状況

大気汚染	・毎年650万人が死亡。そのうち430万人は室内空気汚染 ・煙草の受動喫煙を含めた室内外の大気汚染で年間5,200万年相当の命が喪失もしくは障害 ・室内空気汚染と職務中の暴露で毎年3,200万年相当の命が喪失もしくは障害
水質汚染	・毎年5,700万年相当の命が喪失もしくは障害 ・世界の廃水の80%以上が処理されず環境に放出
土地・土壌汚染	・屋外での廃棄物投棄や焼却が悪影響 ・過度の暴露と不適切な農薬の使用が健康に影響 ・前世代の化学物質の蓄積が健康と環境に脅威となる
海洋と沿岸汚染	・35億人が食糧源として海洋に依存しているが、海洋がごみや廃水の廃棄先となっている ・不適切な廃棄物処理で毎年480万トンから1270万トンのプラスチックごみが海洋に排出
化学物質	・年間10万人以上がアスベスト暴露で死亡 ・塗料に含まれる鉛が子供のIQに影響 ・子供が水銀や鉛に暴露することで、神経系、消化器系や腎臓に障害 ・内分泌かく乱物質や発達神経毒と殺虫剤を含む化学物質による被害の多くは未評価
廃棄物	・20億人が固形廃棄物管理を利用できず、30億人が廃棄物処理施設を利用できていない

出典：「汚染のない地球へ－国連環境報告書 要約版」（一般社団法人日本UNEP協会）

52 環境配慮型製品の支援制度

組織の環境側面への対策を考えるとき、大きな成果を期待できるところに取り組みたいものです。ここでは環境配慮型製品の提供を支援する制度を紹介しますので、組織の計画策定時の参考にしてください。

環境配慮型製品、活動、サービスを支援する制度

循環型社会を形成するため、2001年1月に「**循環型社会形成推進基本法**」が施行され、廃棄物・リサイクル対策を一体的に進めるための枠組みが形成されました。その一環として、「国等による環境物品等の調達の推進等に関する法律（**グリーン購入法**）」が定められ、調達の判断目安として環境ラベルが活用されています。環境ラベルは、環境省ホームページに分類されて紹介されており、詳しい情報を得ることができます。

■ 環境ラベルの例

<国及び第三者機関の取組による環境ラベル>

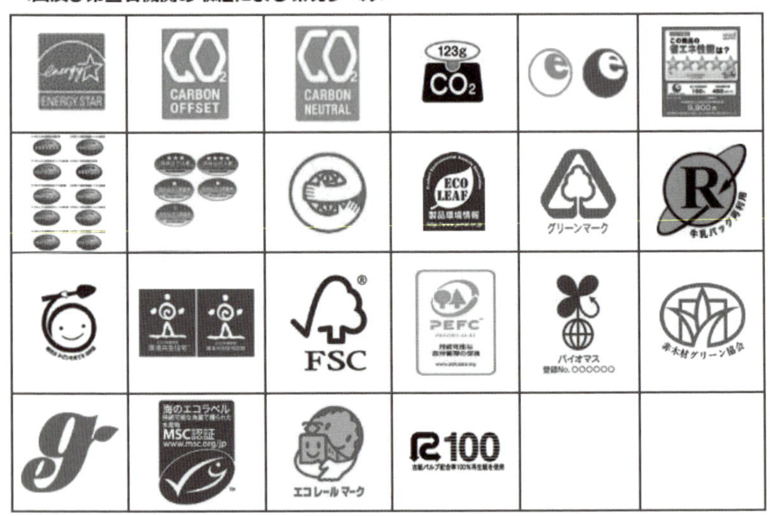

出典：環境省（https://www.env.go.jp/policy/hozen/green/ecolabel/f01.html）

エコマーク制度

エコマークは、原材料から最終廃棄に至るライフサイクル全体を通して環境への負荷が少ないと認められた商品（物品、サービス）に付けられる環境ラベルです。ISO 14024に基づく第三者認証によるタイプⅠです。環境配慮型製品を選択するときの目安にすることができ、持続可能な社会を形成することを目指しています。

幅広い商品を対象としており、商品をいくつかの類型に区分し、類型ごとに認定基準を設定して公表しています。エコマークは日本環境協会が運営し、幅広い利害関係者が参加する委員会の下で行われています。

■ おもなエコマーク製品のポイント

エコマーク

プリンタ	3R設計されている インクカートリッジの回収システムがある インクに規制化学物質を使用していない 省エネルギー設計
ガラス食器	再生材料を製品重量の70%以上使用 重金属等の有害物質溶出は環境基準を満たす 着色剤に有害な化学物質を使用しない
プラスチック製食器	重金属等の有害化学物質などを添加していない
ガラス瓶	（リターナブル瓶）平均5回以上繰り返し使用 （ガラス瓶）再生材料を製品重量の65%以上使用 （ガラス軽量瓶）着色剤に有害な化学物質を使用しない 食品衛生法に基づく試験に適合
ゴミ袋	再生プラスチックを40%以上使用 重金属等の有害化学物質を含まない
トイレットペーパー	古紙パルプを100%使用 蛍光増白剤を添加しない 製品包装の省資源、リサイクル性、焼却時の負荷低減 有害な着色料を使用しない
畳	再生材料を50%以上使用 畳表の交換が可能（長期使用に配慮） 重金属等の有害物質の含有・溶出を基準値以下
園芸用品（バーク堆肥）	再・未利用木材を100%使用 建築解体木材を使用しない 木質保存剤（防腐剤、防虫・防カビ剤）を使用しない
小売店舗	環境配慮商品が買える 容器包装を省略できる 使い終わった容器など、資源の回収ステーションがある 店舗や地域の環境活動に触れることができる

出典：「日本環境協会 エコマーク事務局 こんなところにエコマーク」（https://www.ecomark.jp/lifestyle/konnatokoroni.html）

海外との相互認証

海外においても、エコマークと同様に、原材料から最終廃棄に至るライフサイクル全体を通して環境への負荷が少ないと認められた製品に付けられる環境ラベルを運用しています。

環境配慮型製品を選択するときの目安にすることができ、持続可能な社会を形成することを目指します。

世界の主要な環境ラベル制度として、**世界エコラベリング・ネットワーク**（GEN：global ecolabelling network）に加盟しているものを示します。GENでは、ISO 14024（JIS Q 14024「環境ラベル及び宣言ータイプⅠ環境ラベル表示ー原則及び手続」）に準拠した第三者機関による認定制度です。日本のエコマークもこの制度の下で運営されてます。

環境ラベル制度については、公益財団法人日本環境協会・エコマーク事務局のホームページ（https://www.ecomark.jp/about/gen/）、もしくは、GENのホームページ（https://globalecolabelling.net/）を参照してください。

■ 海外の主要な環境ラベル制度

上段左から：オーストラリア、ニュージーランド、香港、大韓民国、台湾、中国
中断左から：タイ、シンガポール、インド、米国、ブラジル、イスラエル
下段左から：ロシア、EU、ドイツ、ノルウェーなど5カ国、スェーデン、スウェーデン

出典：GEN（https://globalecolabelling.net/）

エコデザインの導入のための指針（ISO 14006）

環境マネジメントシステム規格ISO 14000シリーズにおいて、環境配慮型製品を設計するための指針がISO 14006「環境マネジメントシステムーエコデザインの導入のための指針」に示されています。**エコデザイン**とは、「製品のライフサイクル全体にわたって有害な環境影響を低減させることを目的として、環境側面を製品の設計・開発に取り入れること」と定義されており、同義語として、環境配慮設計（ECD）、環境適合設計（DfE）、グリーン設計、及び環境的に持続可能な設計があります。

■ 環境配慮型製品への取組み

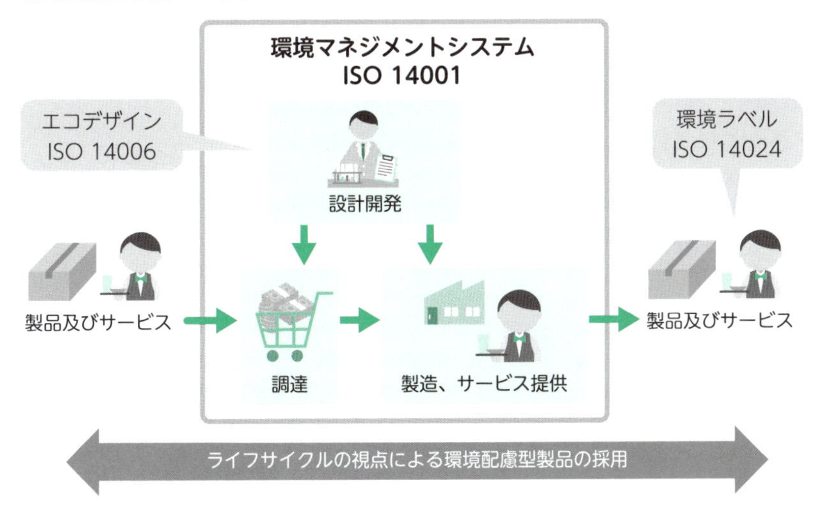

まとめ

- 環境配慮型製品は、ライフサイクル全体を通して環境負荷を低減する
- 環境配慮型製品を明示し、調達の目安を示す環境ラベルがある
- エコデザインの指針がISO 14006に示されている

53 環境配慮型製品の事例

環境配慮型製品を表彰することで支援する活動も行われています。ここでは対応事例やヒントになる取組みを紹介しますので、組織の製品及びサービスを設計するときの参考にしてください。

環境配慮型製品の活動、サービスへの取組み

環境汚染の対策として、企業・行政を中心としたグリーン購入に加えて、一般消費者に対して環境配慮型製品を普及させることも重要なポイントです。グリーン購入の目安に用いられる環境ラベルは一般消費者に対しても有効な方法ですが、それだけでは十分ではありません。

日本では、欧米のようなグリーン・コンシューマーが育っていないこともあり、製品及びサービスの提供者側の工夫が求められます。さらに近年、企業イメージの向上やCSR（企業の社会的責任）の一環として、企業は環境配慮型製品をホームページやコマーシャルメッセージなどで積極的に提案するようになりました。

エコプロダクツ展、エコプロダクツ大賞

環境配慮型製品の開発と普及を促進するために、産業環境管理協会と日本経済新聞社の主催で1999年から「エコプロダクツ展」が毎年12月に開催されています。その中で、環境負荷の低減に配慮した優れた製品及びサービスを表彰して需要者に情報提供する「エコプロダクツ大賞」が2004年から2016年まで実施され、おもな産業分野の行政大臣による大賞をはじめとする多くの製品及びサービスが表彰されました（右ページ参照）。

これらの受賞製品及びサービスは、企業の戦略製品及びサービスとして積極的な販売戦略をとられていることもあり、業界を代表する製品及びサービスとなっています。

■エコプロダクツ大賞

	農林水産大臣賞	経済産業大臣賞	国土交通大臣賞	環境大臣賞
第1回 2004年	国産材合板 セイホク株式会社	プリウス トヨタ自動車株式会社	難燃化リサイクル吹付断熱材 株式会社大林組	エレクトリックコミューター ヤマハ発動機株式会社
第2回 2005年	−	高出力一体型自然冷媒(CO_2)ヒートポンプ給湯器 日立ホーム＆ライフソリューション株式会社	再築システムの家 積水化学工業株式会社	家庭用燃料電池コージェネレーションシステム「ライフエル」 東京ガス株式会社 株式会社荏原製作所 松下電器産業株式会社
第3回 2006年	カートカン（紙製飲料缶） 森を育む紙製飲料容器普及協議会 凸版印刷株式会社	ヒートポンプななめドラム洗濯乾燥機 松下電器産業株式会社	高品質再生粗骨材「サイクライト」 株式会社竹中工務店	自己放電抑制タイプの新型ニッケル水素電池「eneloop」 三洋電機株式会社
第4回 2007年	ガシャポンアースカプセル昆虫採集 株式会社バンダイ	ゼログラフィー複合機＆プリンター 富士ゼロックス株式会社	輻射式冷暖房装置ハイブリッドサーモシステム「ecowin」 株式会社エコファクトリー	鉄道用ハイブリッド車両 東日本旅客鉄道株式会社 株式会社日立製作所
第5回 2008年	サンマ漁船用省エネ集魚灯U-BEAM.eco ウシオライティング株式会社	−	クリーンディーゼル乗用車「X-TRAIL20GT」 日産自動車株式会社	省電力サーバECO CENTER 日本電気株式会社
第6回 2009年	ベストカップルハウス 株式会社グリーンシステム	電動ハイブリッド自転車「eneloop bike"CY-SPA226"」と「ソーラー駐輪場」 三洋電機株式会社	アイドリングストップ機構「i-stop（アイ・ストップ）」 マツダ株式会社	家庭用燃料電池「エネファーム」 東京ガス株式会社 大阪ガス株式会社 東邦ガス株式会社 ほか（8社共同）
第7回 2010年	間伐材防音壁「安ら木Ⅱ」 篠田株式会社 岐阜県森林組合連合会 本庄工業株式会社	環境配慮型エスカレーターとリニューアル（VXシリーズ、VXSシリーズ） 株式会社日立製作所 都市開発システム社 株式会社日立ビルシステム	日立バラスト水浄化システムClearBallast 株式会社日立プラントテクノロジー	すすぎ1回で節水・節電、時間短縮「アタックNeo」 花王株式会社
第8回 2011年	竹紙（たけがみ） 中越パルプ工業株式会社	水道直結型温水器「サントップ」 株式会社寺田鉄工所	日産リーフ 日産自動車株式会社	エコシングル水栓 TOTO株式会社
第9回 2012年	大断面耐火集成材　燃エンウッド 株式会社竹中工務店	家庭用固体酸化物形燃料電池コージェネレーションシステム「エネファームtypeS」 大阪ガス株式会社 アイシン精機株式会社 株式会社長府製作所	家まるごと断熱＋エコナビ搭載換気システム〜ピュアテック〜（パナホーム　エコアイデアの家） パナホーム株式会社	ちょいパクラスク 山崎製パン株式会社
第10回 2013年	雑草アタックS 日本乾溜工業株式会社	省エネ・環境・震災配慮型エレベーター「SPACEL-GR」「ELCRUISE」 東芝エレベータ株式会社	SMA x ECOプロジェクト 大和ハウス工業株式会社	アグロフォレストリーチョコレート（チョコレート効果群を含む） 株式会社明治
第11回 2014年	−	カラー・オンデマンド・パブリッシングシステム「VersantTM2100 Press」 富士ゼロックス株式会社	小排気量クリーンディーゼルエンジン「SKYACTIV-D1.5」 マツダ株式会社	「ほんだし®」用包装材料に関する環境負荷低減に向けた取組み 味の素株式会社
第12回 2015年	閉鎖性海域の環境改善に寄与する水・底質浄化資材：マリンストーン JFEスチール株式会社 国立大学法人広島大学	セダンタイプの新型燃料電池自動車（FCV）「MIRAI」 トヨタ自動車株式会社	パフォーマンスマネジメントシステム「SIMS」 日本郵船株式会社 株式会社MTI	太陽光発電システムと鉛蓄電池のリース＆レンタルサービス タマホーム株式会社 ONEエネルギー株式会社
第13回 2016年	飼料用アミノ酸「リジン」 味の素株式会社 味の素アニマル・ニュートリション・グループ株式会社	世界最高強度の自動車用冷間プレス部品を実現「1.5ギガパスカル級冷延鋼板」 JFEスチール株式会社	木を使った短工期・省CO_2耐震補強技術　T-FoRest®シリーズ 株式会社竹中工務店	路線バスを活用した宅急便輸送「客貨混載」 ヤマト運輸株式会社

出典：産業環境管理協会（http://www.jemai.or.jp/ris/award-results.html）

エコプロアワード

旧「エコプロダクツ大賞」は、理念と実績を引き継ぎ、さらに社会経済環境の変化に対応して2018年度より「エコプロアワード」へと進化しました。

エコプロアワードは、従来の環境負荷の低減に配慮した製品及びサービスだけでなく、**技術、ソリューション、ビジネスモデルも対象**として表彰することによりこれらの開発・普及を促進して、持続可能な社会づくりを目指しています。

表彰の対象は、製品、技術などの「有形対象物」と、サービス、ソリューション、ビジネスモデル、SDGs※に向けた事業活動、地域活性化の取組み、記入商品、人物やそれらを組み合わせた「無形対象物」としています。

表彰は、エコプロダクツ大賞時の４つの主務大臣賞に加えて、財務大臣賞が加わって５つの主務大臣賞へと拡がりました。このところは、環境・社会・経済のバランスという観点、および環境マネジメントシステムの資源の１つである資金という観点に通じる、より幅広い視点から表彰することが可能になったと考えることができます。「エコプロ大賞」「エコプロアワード」の各受賞例は、環境配慮型製品及びサービスを検討する上で、大きなヒントを与えてくれるでしょう。

※SDGs：Sustainable Development Goals（持続可能な開発目標）の略称

■ エコプロアワード

	財務大臣賞	農林水産大臣賞	経済産業大臣賞	国土交通大臣賞	環境大臣賞
第１回 2018年	–	岩手県久慈市における未利用資源を活用した熱供給サービス 久慈バイオマスエネルギー株式会社	乾式オフィス製紙機PaperLab A-8000 セイコーエプソン株式会社／エプソン販売株式会社	大和ハウス佐賀支店ビル 大和ハウス工業株式会社	FILSTAR (element-less filter) 株式会社industria（インダストリア）
第2回 2019年	伝統と革新がもたらすサステナブルな酒造り 株式会社神戸酒心館	ビール醸造の副産物を高機能化した「酵母細胞壁」資材による持続可能な農業への貢献 アサヒバイオサイクル株式会社	新聞印刷用完全無処理CTPプレート 富士フイルム株式会社	３層パネル 株式会社清都組	"K-Cowork緑化"を活用した持続的な資源循環型緑化と地域活性化 鹿島建設株式会社

出典：産業環境管理協会（http://www.jemai.or.jp/ris/eco-pro2019.html）

環境省による先進事例調査

一般消費者に環境配慮型製品を普及するために、やや古いですが2012年に環境省が環境配慮型製品普及の先進事例を調査し、検討を行った例を紹介します。

調査は百貨店、大規模小売店舗（GMS）、スーパーマーケット、コンビニエンスストア、通信販売の5業態、国内外10件の小売業者について行い、イオン、西友、大丸松坂屋百貨店、三越伊勢丹ホールディングス、千趣会、アスクル、マルエツ、ファミリーマートの調査結果が公開されています（参考：https://www.env.go.jp/policy/hozen/eco_shopping/conf01/02/ref01.pdf）。

■ 環境改慮型製品普及の先進事例調査の結果（抜粋、2012年）

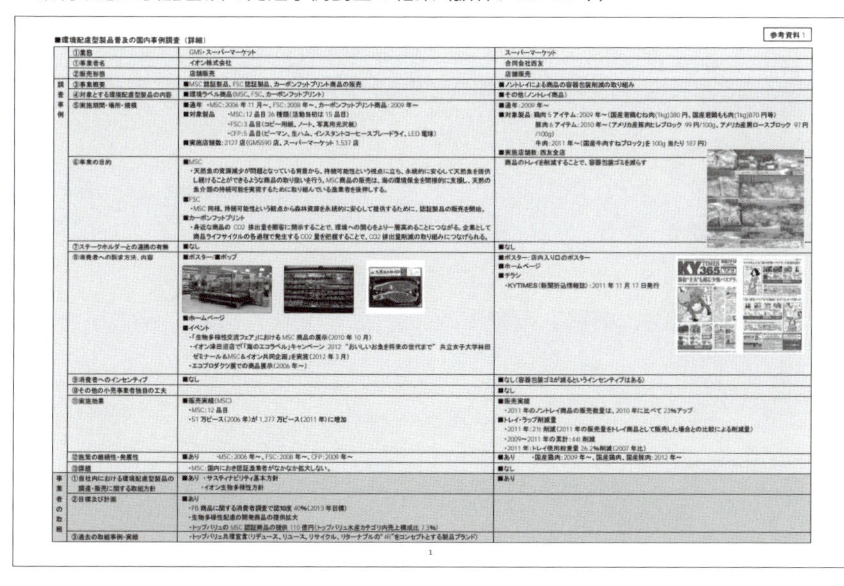

■環境配慮型製品普及の国内事例調査（詳細）

参考資料1

	①業態	GMS・スーパーマーケット	スーパーマーケット
	①事業者名	イオン株式会社	合同会社西友
	②販売形態	店舗販売	店舗販売
調査事例	③事業概要	■MSC認証製品、FSC認証製品、カーボンフットプリント商品の販売	■ノントレイによる商品の容器包装削減の取り組み
	④対象とする環境配慮型製品の内容	■環境ラベル商品（MSC、FSC、カーボンフットプリント）	■その他（ノントレイ商品）
	⑤実施期間・場所・規模	■通年 ・MSC：2006年11月～、FSC：2008年～、カーボンフットプリント商品：2009年～ ■対象製品 ・MSC：12品目26種類（活動当初は15品目） ・FSC：3品目（コピー用紙、ノート、写真用光沢紙） ・CFP：5品目（ピーマン、生ハム、インスタントコーヒースプレードライ、LED電球） ■実施店舗数：2127店（GMS590店、スーパーマーケット1,537店	■通年：2009年～ ■対象製品：鶏肉5アイテム：2009年～（国産若鶏むね肉（1kg）380円、国産若鶏もも肉（1kg）870円等） 豚肉6アイテム：2010年～（アメリカ産豚肉ヒレブロック 99円/100g、アメリカ産豚ロースブロック 97円/100g） 牛肉：2011年～（国産牛肉すねブロック」を100g当たり187円） ■実施店舗数：西友全店
	⑥事業の目的	■MSC ・天然魚の資源減少が問題となっている背景から、持続可能性という視点に立ち、永続的に安心して天然魚を提供し続けることができるような商品の取り扱いを行う。MSC商品の販売は、海の環境保全を間接的に支援し、天然の魚介類の持続可能を実現するために取り組んでいる漁業者を後押しする。 ■FSC ・MSC同様、持続可能性という観点から森林資源を永続的に安心して提供するために、認証製品の販売を開始。 ■カーボンフットプリント ・身近な商品のCO2排出量を顧客に開示することで、環境への関心をより一層高めることにつながる。企業として商品ライフサイクルの各過程で発生するCO2量を把握することで、CO2排出量削減の取り組みにつなげられる。	商品のトレイを削減することで、容器包装ゴミを減らす
	⑦ステークホルダーとの連携の有無	■なし	■なし
	⑧消費者への訴求方法、内容	■ポスター/■ポップ ■ホームページ ■イベント ・「生物多様性交流フェア」におけるMSC商品の展示（2010年10月） ・イオン津田沼店で「「海のエコラベル」キャンペーン 2012 "おいしいお魚を将来の世代まで" 共立女子大学林田ゼミナール&MSC&イオン共同企画」を実施（2012年3月） ・エコプロダクツ展での商品展示（2006年～）	■ポスター：店内入り口のポスター ■ホームページ ■チラシ ・KYTIMES（新聞折込情報誌）：2011年11月17日発行
	⑨消費者へのインセンティブ	■なし	■なし（容器包装ゴミが減るというインセンティブはある）
	⑩その他の小売事業者独自の工夫		■なし
	⑪実施効果	■販売実績（MSC） ・MSC：12品目 ・51万ピース（2006年）が1,277万ピース（2011年）に増加	■販売実績 ・2011年のノントレイ商品の販売数量は、2010年に比べて23%アップ ■トレイ・ラップ削減量 ・2011年：21t削減（2011年の販売量をトレイ商品として販売した場合との比較による削減量） ・2009～2011年の累計：44t削減 ・2011年：トレイ使用総重量26.2%削減（2007年比）
	⑫施策の継続性・発展性	■あり ・MSC：2006年～、FSC：2008年～、CFP：2009年～	■あり ・国産鶏肉：2009年～、国産鶏肉、国産豚肉：2012年～
	⑬課題	・MSC：国内におき認証漁業者がなかなか拡大しない。	■なし
事業者の取組	①自社内における環境配慮型製品の調達・販売に関する取組方針	■あり ・サステナビリティ基本方針 ・イオン生物多様性方針	■あり
	②目標及び計画	■あり ・PB商品に関する消費者調査で認知度40%（2013年目標） ・生物多様性配慮の開発商品の提供拡大 ・トップバリュのMSC認証商品の提供110億円（トップバリュ水産カテゴリ内売上構成比7.3%）	
	③過去の取組事例・実績	・トップバリュ共環宣言（リデュース、リユース、リサイクル、リターナブルの"4R"をコンセプトとする製品ブランド）	

1

まとめ

- 環境配慮型製品を一般消費者に普及するには、企業努力が必要
- 環境配慮型製品の情報提供をする表彰制度がある
- 優れた環境配慮型製品及びサービスの事例は参考になる

54 順守義務を満たすための環境関連法と規制の基本

環境側面を管理し環境影響を低減する環境保護の活動は、従来の汚染防止だけでなく、「持続可能な発展」へと進化してきています。組織は、環境保護のための法規制を順守しなければなりません。

環境関連法、規制の経緯

日本が戦後の高度成長を達成する過程で、公害と呼ばれるさまざまな環境問題が発生し、それに対応する形で日本の環境法規制が構築されてきました。その体系や詳細については次節以降で述べますが、ここでは法的要求事項の階層について解説します。

下の図に示すように、国会の議決によって法律が定められますが、法律を実施する上で、**政令・省令・告示・通達**などの詳細な運用情報が出されます。従って法律だけでなく、これらの情報も参照して適用する必要があります。

また、**地方自治体が制定する条例**では、「上乗せ規制」や「横出し規制」といった、国の規制値よりさらに厳しい規制を設ける場合がありますので、こちらも参照しておく必要があります。

■ 順守義務の階層

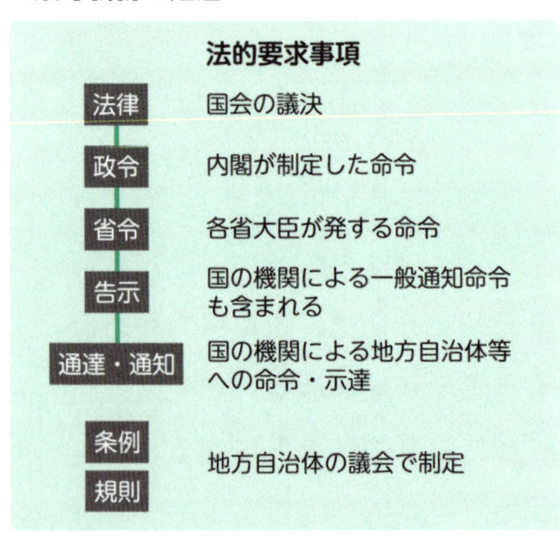

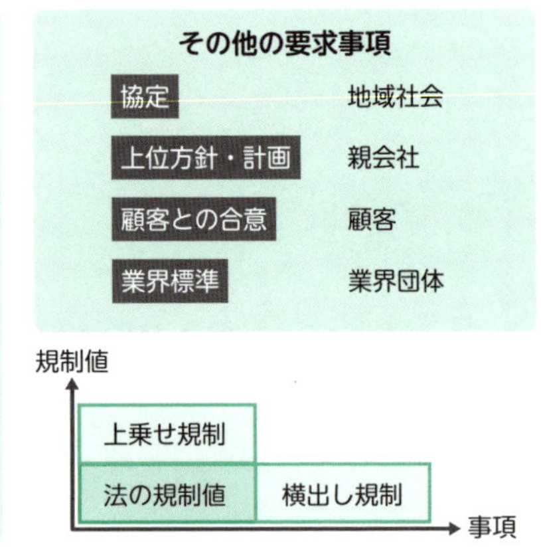

環境関連法、規制の参照について

環境関連法や規制を参照するには、e-Gov電子政府の総合窓口の「e-GOV法令検索」、もしくは環境省のホームページを利用します（P.115参照）。

日本の法体系では日本国憲法の下、基本法、個別法となることが原則ですが、環境に関する法体系は、環境基本法の下に関連する基本法と多くの個別法を位置付けていますので、組織はこれらを順守しなければなりません。

環境省のホームページ（http://www.env.go.jp/law/index.html）では、「法令・告示・通達」の中に区分されていますので、区分の中で該当する法令・告示・通達を探すことができます。

■環境省ホームページの参照区分情報

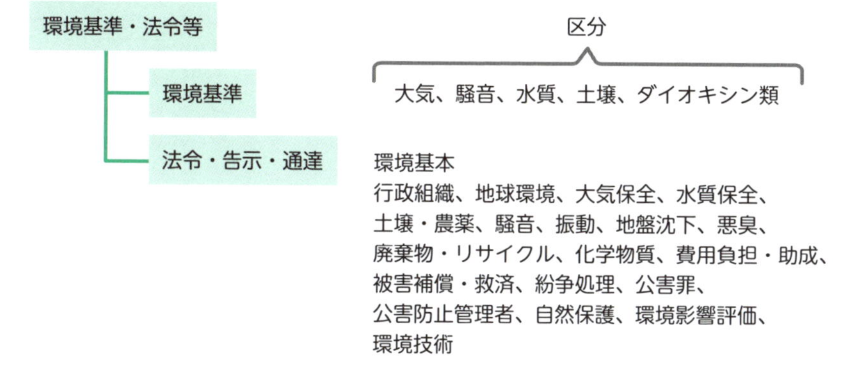

■環境法の体系

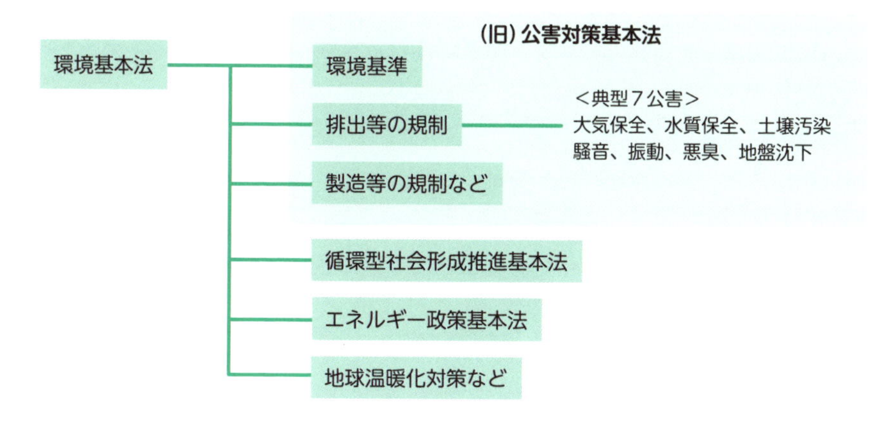

55 環境関連の主要な国内法規制

国内の環境法規制は、環境基本法の下で多くの個別法があります。ここでは、公害規制関連、循環型社会形成関連、化学物質規制関連、地球温暖化・エネルギー関連、その他に分けて概要について述べます。

環境基本法

環境基本法（1993年制定、最終改正2021年）は目的として、①現在および将来の国民の健康で文化的な生活の確保に寄与する、②人類の福祉に貢献することを掲げ、そのために、環境の保全に関する施策を総合的かつ計画的に推進することなどを定めています。

第6条から第9条にかけて、国の責務、事業者の責務、国民の責務を定め、基本的な施策について幅広く定めています。第16条で環境基準を定めることを規定しており、この下で大気、水質、土壌、騒音、ダイオキシン類に関する環境基準が告示等によって定められています。

公害規制関連

大気保全、水質保全、土壌汚染、騒音、振動、悪臭、地盤沈下についてそれぞれ個別法が定められています。個別法のおもなものを以下に示します。

大気汚染防止法

ばい煙、粉じん、水銀など、有害大気汚染物質、自動車排出ガスについて規制値や届出義務、測定義務などが定められています。改善命令や計画変更命令などの罰則を設けている項目もあるので、注意が必要です。

水質汚濁防止法

特定施設や特定地下浸透水に関して排水基準や届出義務などが定められてい

ます。改善命令などの罰則も設けられています。排水基準は省令や条例で定められており、条例による上乗せ基準もあるので注意が必要です。

土壌汚染対策法

法で定める特定有害物質（鉛、砒素、トリクロロエチレンその他）による土壌汚染の調査とその汚染による人の健康被害の防止が定められています。

騒音規制法、振動規制法、悪臭規制法

いずれも地域を指定しており、改善勧告や改善命令などの罰則があります。騒音・振動に関して施設届出・測定が義務付けられています。

循環型社会形成関連

廃棄物・リサイクル対策を一体的に進めるために「循環型社会形成推進基本法」が2001年に施行されました。持続可能な循環型社会を目指し、廃棄物の発生抑制や循環資源の循環利用、適正な処分について規定されています。

資源の利用に関しては、①発生抑制、②再使用、③再生利用、④熱回収、⑤適正処分、の優先順位が明示されています。その下で、資源有効利用促進法をはじめとする多くの個別法が制定されています。資源の少ない日本では注力すべき領域ですが、詳細は環境省のホームページ（https://www.env.go.jp/recycle/index.html）を参照してください。

■ 循環型社会形成法の例

法律	解説
廃棄物の処理及び清掃に関する法律（廃棄物処理法）	産業廃棄物については、産業廃棄物管理表（マニフェスト）を運用する
資源の有効な利用の促進に関する法律（資源有効利用促進法）	発生抑制（リデュース）、再使用（リユース）、原料として再使用（リサイクル）を促進 ・容器包装に係る分別収集及び再商品化の促進等に関する法律（包装容器リサイクル法） ・特定家庭用機器再商品化法（家電リサイクル法） ・食品循環資源の再生利用等の促進に関する法律（食品リサイクル法） ・建設工事に係る資材の再資源化等に関する法律（建設リサイクル法） ・使用済み自動車の再資源化等に関する法律（自動車リサイクル法） ・使用済小型電子機器等の再資源化の促進に関する法律（小型家電リサイクル法）
国等による環境物品等の調達の推進等に関する法律（グリーン購入法）	環境負荷の少ない再生資源その他の“環境物品等”の購入で持続可能な社会の構築を目指す

化学物質規制関連

化学物質規制関連法のおもなものを示します。

化学物質の審査及び製造等の規制に関する法律（化審法）

化学物質による環境の汚染を防止するため、新規の化学物質の製造または輸入する際に事前にその化学物質が難分解性であるかどうかを審査し、規制を行うことが定められています。

特定化学物質の環境への排出量の把握等及び管理の改善の促進に関する法律（PRTR法、化学物質排出把握管理促進法）

1992年の地球サミットで採択されたアジェンダ21の中での各国政府による化学物質管理の1つであり、SDS制度（第一種指定化学物質、第二種指定化学物質及びそれらを含有する製品（指定化学物質等）を他の事業者に譲渡・提供する際、その性状及び取扱いに関する情報の提供を義務付ける制度）を規定しています。同法の他にもSDSの交付を義務付けている法律は、「労働安全衛生法（第57条の2及び施行令別表9）」「毒物及び劇物取締法（対象物質は法表第1及び第2と指定令による）」があります。

労働安全衛生法（労安法）

2014年の改正において、化学物質による胆管がんなどの労働災害の状況をふまえて、640物質を対象として製造または取り扱う事業者にリスクアセスメントが義務付けられました。リスクアセスメントの方法は、対象物質の取扱い有無を調査し、取り扱う場合は定められた方法でリスクを評価し、対策を講じるというものです。リスクアセスメントの詳細は厚生労働省ホームページ（https://anzeninfo.mhlw.go.jp/yougo/yougo01_1.html）に掲載されています。対象物質はその後追加されて、現在は896物質になりました。

地球温暖化・エネルギー関連

地球温暖化・エネルギー関連については多くの国々が参加して国際的に取り組まれており、それに対応する形で国内法も制定・改正されてきています。

地球温暖化対策の推進に関する法律（地球温暖化対策推進法／温対法）

1997年のCOP3で二酸化炭素などの温暖化ガスの削減目標を定めた京都議定書を受けて定められました。「温室効果ガス」とは、二酸化炭素、メタン、一酸化二窒素、ハイドロフルオロカーボンのうち政令で定めるもの、パーフルオロカーボンのうち政令で定めるもの、六ふっ化硫黄、三ふっ化窒素のことをいいます。このうち二酸化炭素は、化石燃料の燃焼により発生しますので、再生可能なエネルギー政策をはじめ、省エネルギーを推進することで達成を目指そうとしています。

フロン類の使用の合理化及び管理の適正化に関する法律（フロン排出抑制法／改正フロン類法）

改正により第1種特定製品の管理者に対して、点検・記録などの義務付けがされました。

エネルギーの使用の合理化等に関する法律（省エネ法／省エネルギー法）

2度の石油危機を契機として、1979年に省エネルギーの推進に向けた「省エネ法」が制定されました。その後、トップランナー方式の採用、特定建築物の省エネ、運輸分野の省エネ、工場単位から事業者単位に変更などを繰り返して現在に至っています。省エネルギー政策の根幹となる法律になっています。

まとめ

- 環境基本法の下で多くの個別法が存在している
- 公害対策から循環型社会の形成へと日本の環境対策が進化した
- 化学物質の管理と地球温暖化・エネルギー関連は国際的にも重要

56 環境関連の主要な海外法規制

地球規模の環境問題は、国際連合をはじめとして各国で検討されており、定期的な国際会合を行い、合意事項に関する国際条約を締結して、国際的な法規制やそれを各国内に展開するための国内法規制へとつながっています。

国際法や国家間の合意の種類

言葉や文化は違えども、地球という閉鎖空間で生きている人類として地球規模の環境問題は共通の課題であり、近年の異常気象などに対して、国際的な取組みが続けられていますので、これらを順守しなければなりません。

国際法や国家間の合意に至った内容は、条約、議定書、協定、宣言などで明文化されます。

条約：国際法として国家間または国家と国際機関との間の文書による合意。原則として、条約は国内法より優先される。条約を履行するために別の国内法を制定するのが通例

議定書：広義には条約の一種。通常、ある条約を補足するために用いられる。たとえば、地球温暖化防止のための「気候変動枠組条約」の下で温室効果ガスの削減目標を定めた「京都議定書」などがある

協定：比較的狭い範囲の合意に用いられる。たとえば、二国間の貿易協定や、同じく「気候変動枠組条約」の下で結ばれた「パリ協定」がある

宣言：地球サミットで出された環境と開発に関する「リオ宣言」などがある

■ 国際間の合意文書の種類

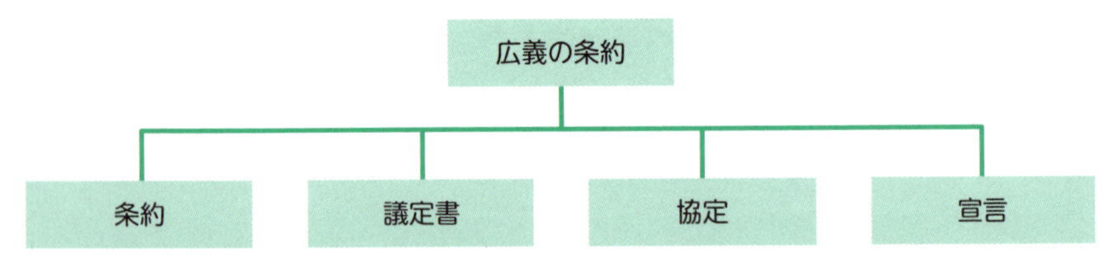

環境問題に関する国際的な取組み

国際連合では1972年に「国連環境計画」を設立し、地球規模の環境の保全に向けた主導的な役割を果たしています。国際連合の下で地球規模の環境問題に対する活動は、“汚染の防止”とともに“持続可能な発展”に向けてさまざまな会合が行われています。参加各国の状況は異なりますので、環境問題への取組みに対する国際的な足並みを揃えることは大変難しいことですが、合意に至った内容は国際条約などを締結して具体的な取組み活動がはじめられています。

■ 環境問題に関するおもな国際条約

テーマ	年	国際条約	動き
オゾン層保護	1985	ウィーン条約	
	1987	モントリオール議定書	オゾン層破壊物質規制
地球温暖化	1992	気候変動枠組条約	
	1997	京都議定書	温室効果ガス規制
酸性雨	1979	長距離越境大気汚染条約	
	1985	ヘルシンキ議定書	硫黄酸化物の排出量規制
	1988	ソフィア議定書	窒素酸化物の排出量規制
海洋汚染	1972	ロンドン・ダンピング条約	陸上廃棄物の海上投棄規制
	1978	MARPOL73/78条約	船舶からの油、有害物規制
	1990	OPRC条約	大規模油汚染事故対応
	1994	海洋法条約	200カイリ排他的経済水域設定 漁業資源管理と汚染防止義務
有害廃棄物越境移動	1989	バーゼル条約	有害廃棄物越境移動規制
生物多様性	1971	ラムサール条約	水鳥が生息する湿地の保護
	1973	ワシントン条約	野生動植物の国際取引規制
	1992	生物多様性条約	生物種の保護
	2000	カルタヘナ条約	遺伝子組み換え生物等規制
砂漠化	1994	砂漠化防止条約	
地球環境汚染	2001	POPs条約（ストックホルム条約）	
	2004	PIC条約（ロッテルダム条約）	
化学物質	2013	水銀に関する水俣条約	

出典：「新・よくわかるISO環境法（改訂第14版）」（ダイヤモンド社刊）

おもな国際条約の概要

地球温暖化防止：**気候変動枠組条約**（1992年）、**京都議定書**（1997年）、**パリ協定**（2015年）

1992年の地球サミットで地球温暖化防止のための枠組みを合意しました。その後、気候変動枠組条約締結国会議（COP）を継続し、京都議定書（COP3）、パリ協定（COP21）などが締結されました。

国内法：「地球温暖化対策の推進に関する法律（地球温暖化対策推進法）」（1998年制定、2022年改正）

オゾン層保護：**ウィーン条約**（1985年）、**モントリオール議定書**（1987年）

地球を取り巻き、生物に有害な紫外線の大部分を吸収しているオゾン層の保護について、ウィーン条約はオゾン層保護のための国際的な枠組みとして、モントリオール議定書は物質を特定し、その物質の生産、消費及び貿易を規制するものとして採択されました。

国内法：「特定物質の規制等によるオゾン層の保護に関する法律（オゾン層保護法）」（1988年）、「特定製品に係るフロン類の回収及び破壊の実施の確保等に関する法律（フロン回収破壊法）」（2001年）、「フロン類の使用の合理化及び管理の適正化に関する法律（フロン排出抑制法／改正フロン法）」（2013年）

海洋汚染防止：**ロンドン条約**（1972年）、**マルポール73/78条約**（1978年）、**OPRC条約**（1990年）

ロンドンに本部のある国際海事機関が中心となって海洋汚染防止に取り組み、廃棄物の海洋投棄や洋上焼却から船舶からの油の流出など、対象を拡大しながら海洋汚染を防止するための取り決めがなされました。

国内法：「海洋汚染等及び海上災害の防止に関する法律」（1970年制定、2022年改正）

GHS（化学品の分類及び表示に関する世界調和システム）（2003年）

化学品の危険有害性を規定された基準に従って分類し、絵表示でわかりやすく表示すること、ラベルやSDSで伝えることによって人の安全と健康を確保することが定められました。

国内：JIS Z 7253（GHSに基づく化学品の危険有害性情報の伝達方法ーラベル、作業場内の表示及び安全データシート（SDS））（2012年制定、2019年改訂）

有害廃棄物：**バーゼル条約**（1989年）

有害廃棄物の越境移動（輸出入など）を規制するために設けられました。

国内法：「特定有害廃棄物等の輸出入等の規制に関する法律（バーゼル法）」（1992年）、「廃棄物の処理及び清掃に関する法律の一部を改正する法律」（2017年）

おもな国際規制の概要

REACH（リーチ）規則（2006年、EU）

欧州議会で採択された、EU内の化学物質の登録、評価、許可、制限制度です。2007年以降に段階的に施行されました。

登録：年間の製造・輸入量が、事業者当たり1トンを超える化学物質が対象
　　　10トン以上の場合、化学物質安全性報告書が追加的に必要

評価：化学物質安全性報告書を行政庁が評価。必要時に追加要求

許可：高懸念物質（SVHC）の場合は、申請して許可取得を必要とする

制限：行政庁のリスク評価の結果、リスク軽減措置が必要な場合

RoHS（ローズ）指令（2003年、EU）

EU内の電気電子機器に関する特定有害物質の使用制限。2006年から施行され、鉛、水銀、カドミウム、六価クロム、ポリ臭化ビフェニル（PBB）、ポリ臭化ジフェニルエーテル（PBDE）の6物質が使用禁止になりました。

まとめ

- **国際連合を中心に、国家間の会合が開かれている**

57 順守義務を満たすための組織のワークフロー

環境マネジメントシステムでは環境側面に関連する順守義務を満たすことが意図した成果の1つになります。法規制への対応について、環境側面の決定から順守評価までの一連の活動をまとめました。

通常の対応

組織は、環境側面に関連する順守義務を決定し、参照し、組織の活動に適用しなければなりません【関連6.1.3】。

法規制への対応について、組織の環境側面を決定し、環境側面に関連する順守義務を決定して組織への適用事項を決定し、決定した適用事項を実施し、順守状況を評価するまでの流れを右図に示します。

Sec.54～56で解説したように、環境側面に関する国内外の法規制は常に更新されています。組織はこれらの**更新情報を参照し、組織の順守義務を維持更新**し、適用方法に反映して順守義務を満たすようにしなければなりません。

製品を海外に展開する場合には、該当する地域の法規制についても調査して対応することが求められます。

関連するコミュニケーションへの対応

環境マネジメントシステムでは、順守義務に関連するコミュニケーションに対応しなければなりません【関連7.4】。

法規制対応に関連するコミュニケーションには、順守義務違反があった場合に**行政から受ける勧告や命令**があります。組織は、行政から勧告や命令を受けたとき、適切な措置を実施し、結果を報告するなどの対応をしなければなりません。

■ 法規制への対応

通常の対応

手順	関連文書
環境側面の決定	環境側面抽出表など【関連6.1.2】
↓	
順守義務の決定・適用	順守義務一覧表など【関連6.1.3】
↓	
順守義務の維持更新 適用事項の実施	順守義務一覧表など【関連6.1.3】 運用手順書、記録など【関連8.1】
↓	
届出等の実施	届出書など【関連7.4】
↓	
順守評価	レビュー記録など【関連9.1.2】

関連するコミュニケーションへの対応

手順	関連文書
コミュニケーション	勧告、命令など【関連7.4】
↓	
措置の実施	対応記録、報告など【関連7.4】
↓	
順守評価	レビュー記録など【関連9.1.2】

まとめ

- 環境側面に関連する法規制を常に監視し、維持更新して対応する
- 関連するコミュニケーションを受けたら適切な措置を取る
- 海外に製品を展開する場合には、該当する法規制にも対応する

おわりに

2015年のISO 14001は、組織の状況に応じて有効に環境マネジメントを行うための工夫が多く盛り込まれました。環境マネジメントシステムを構築するときには、要求事項の意図をよく理解して取り入れることによって、より有効なマネジメントシステムにすることができるでしょう。

事業を取り巻く環境は常に変化していますので、変化によって生じる内外の課題を常に把握し、的確に対応していく必要があります。ISO 14001の要求事項を骨格として環境マネジメントシステムを確立した後は、それを有効に動かすための筋肉としてのしくみを鍛えていくことが必要です。たとえばプロセスを構成する人の教育訓練、設備・環境の整備、技術や知識の蓄積、手順の見直しなど、環境マネジメントシステムのリスクや機会に取り組むことによって、環境マネジメントシステムを継続的に改善することが望まれます。

環境マネジメントシステムを導入し、有効に活用しながら改善していくことによって、組織の永続的な成長にお役立てください。

2019年10月吉日

株式会社テクノソフト

福西　義晴

索引 Index

さ行

著者プロフィール

福西　義晴（ふくにし　よしはる）

株式会社テクノソフト　倉敷事業所　所長・コンサルティング統括、コンサルタント
JRCA登録　品質マネジメントシステム審査員補
CEAR登録　環境マネジメントシステム審査員補
IRCA登録　労働安全衛生マネジメントシステム審査員補
1986年に株式会社クラレに入社後、合成樹脂の研究開発、活性炭の研究開発・商品開発・原料調達・品質保証、工場の安全衛生に従事。2015年より株式会社テクノソフトでマネジメントシステム（品質、環境、労働安全衛生）の認証取得・維持支援やセミナーに従事。著書に「図解即戦力ISO 9001の規格と審査がこれ1冊でしっかりわかる教科書」（小社刊）がある。

■お問い合わせについて

- ご質問は本書に記載されている内容に関するものに限定させていただきます。本書の内容と関係のないご質問には一切お答えできませんので、あらかじめご了承ください。
- 電話でのご質問は一切受け付けておりません。下のQRコード、ウェブ、FAXからお送りください。また、ご質問の際には書名と該当ページ、返信先を明記してくださいますようお願いいたします。
- お送り頂いたご質問には、できる限り迅速にお答えできるよう努力いたしておりますが、お答えするまでに時間がかかる場合がございます。また、回答の期日をご指定いただいた場合でも、ご希望にお応えできるとは限りませんので、あらかじめご了承ください。
- ご質問の際に記載された個人情報は、ご質問への回答以外の目的には使用しません。また、回答後は速やかに破棄いたします。

■装丁――――井上新八
■本文デザイン――――BUCH⁺
■本文イラスト――――リンクアップ
■担当――――和田規
■編集／DTP――――リンクアップ

図解即戦力
ISO 14001の規格と審査が
これ1冊でしっかりわかる教科書

2019年11月20日　初版　第1刷発行
2024年4月18日　初版　第2刷発行

著　者　株式会社テクノソフト　コンサルタント　福西義晴
発行者　片岡　巌
発行所　株式会社技術評論社
東京都新宿区市谷左内町21-13
電話　03-3513-6150　販売促進部
03-3513-6160　書籍編集部
印刷／製本　株式会社加藤文明社

ISBN978-4-297-10899-1 C3053　　Printed in Japan

■問い合わせ先
〒162-0846
東京都新宿区市谷左内町 21-13
株式会社技術評論社 書籍編集部
「図解即戦力　ISO 14001の規格と審査がこれ１冊でしっかりわかる教科書」係
FAX：03-3513-6167
技術評論社お問い合わせページ
https://book.gihyo.jp/116